Bezugsbedingungen:

Preis des Heftes 1 bis 112 je 1 Mk,
zu beziehen durch Julius Springer, Berlin W. 9, Linkstr. 23/24;
für Lehrer und Schüler technischer Schulen 50 Pfg,
zu beziehen gegen Voreinsendung des Betrages vom Verein deutscher Ingenieure, Berlin N.W. 7,
Charlottenstraße 43.
Von Heft 113 an sind die Preise entsprechend auf 2 $\mathcal{M}$ und 1 $\mathcal{M}$ erhöht.

Eine Zusammenstellung des Inhaltes der Hefte 1 bis 117 der Mitteilungen über Forschungsarbeiten zugleich mit einem Namen- und Sachverzeichnis wird auf Wunsch kostenfrei von der Redaktion der Zeitschrift des Vereines deutscher Ingenieure, Berlin N.W., Charlottenstr. 43, abgegeben.

Heft 118: Döhne, Ueber Druckwechsel und Stöße bei Maschinen mit Kurbeltrieb.
v. Kármán, Festigkeitsversuche unter allseitigem Druck.

Heft 119: Seyrich, Ueber die Einwirkung des Ziehprozesses auf die wichtigsten technischen Eigenschaften des Stahles.

Heft 120: Pfarr, Versuche über die Druckverteilung in den Laufzellen arbeitender Reaktionsturbinen.
Skutsch, Ueber den Einfluß der elastischen Nachwirkung auf die Leistungsfähigkeit der Riementriebe.

Heft 121: Bretschneider, Versuche über die Verdrehung von Stäben mit rechteckigem Querschnitt und zur Ermittlung der Längs- und Querdehnung auf Zug beanspruchter Stäbe.
Steil, Untersuchungen über Solenoide und über ihre praktische Verwendbarkeit für Straßenbahnbremsen.

Heft 122 und 123: Bach und **Graf,** Versuche mit Eisenbetonbalken. Vierter Teil.

Mitteilungen

über

Forschungsarbeiten

auf dem Gebiete des Ingenieurwesens

insbesondere aus den Laboratorien
der technischen Hochschulen

herausgegeben vom

Verein deutscher Ingenieure.

Heft 124.

1912
Springer-Verlag Berlin Heidelberg GmbH

ISBN 978-3-662-01679-4   ISBN 978-3-662-01974-0 (eBook)
DOI 10.1007/978-3-662-01974-0

Inhalt.

Seite

Winddruck in Silos und Schachtöfen. Von Georg Lindner 1
Berechnung gewölbter Platten. Von Huldreich Keller 33

Wanddruck in Silos und Schachtöfen.

Von **Georg Lindner,** Professor in Karlsruhe.

Einleitung.

Der Wanddruck in Silobehältern und Oefen läßt sich nicht nach der Erddrucktheorie bestimmen, weil diese auf enge Schächte nicht ohne weiteres anwendbar ist. Die bisher aufgestellten Theorien beziehen sich auf Schächte mit senkrechten Wänden. Zur Anwendung auf beliebige Behälterformen geht die vorliegende Berechnung von dem Gewichtsdruck eines einzelnen Kornes oder Stückes aus, das sich in schräger Richtung auf andere stützt, und gelangt unter Benutzung der wahrscheinlichen Mittelwerte durch Summation der Drücke zu bestimmten Werten für Wand- und Bodendruck. Die schräg gerichteten Druckstrahlen bieten eine gewisse Aehnlichkeit mit den Kraftrichtungen in Zugstäben bei Festigkeitsversuchen. Im Anschluß an die Ergebnisse der bekannt gewordenen Messungen an Silos läßt sich die Richtung aus dem Verhältnis von Wand- und Bodendruck bestimmen, wonach die aufgestellten Formeln auf beliebige Schachtprofile anzuwenden sind, wie an einigen Beispielen, im wesentlichen zeichnerisch, durchgeführt ist.

Im Schacht einer Silozelle ist der Druck der Füllung gegen die Wandung auffallend gering, viel niedriger, als er für eine flüssige Füllung wäre. Der Bodendruck beträgt etwa dreimal soviel wie der Wanddruck. Das Gewicht der Füllung überträgt sich zum großen Teil durch Reibung auf die Wände und wird von diesen getragen.

Der Berechnung legt Janßen[1]) die Annahme zugrunde, daß eine Getreideschicht wie ein in sich geschlossener Kolben in der Silozelle teils durch die Reibung an der Wand ringsum, teils durch die Zunahme des Bodendruckes getragen werde, und rechnet mit einem festen Verhältnis des Bodendruckes zum Wanddruck.

Für einen Schacht von gleichbleibendem Querschnitt F qm beträgt das Gewicht einer Schicht von der Höhe dx mit γ kg/cbm als spez. Gewicht $F\gamma dx$. Hiervon trägt der Boden der Schicht Fdp und der Umfang U mit dem Wanddruck q und der Reibziffer μ noch $\mu U q dx$.

$$F\gamma dx = Fdp + \mu U q dx.$$

---

[1]) Z. d. V. d. I. 1895 S. 1045 bis 1049.

Hier wird $\frac{p}{q} = m$ konstant gesetzt. Für quadratischen und runden Schachtquerschnitt von der Weite s ist das Verhältnis $\frac{F}{U} = \frac{s}{4}$, da $s^2 : 4s = \frac{s}{4}$ und $\frac{\pi s^2}{4} : \pi s = \frac{s}{4}$ ist. Damit berechnet sich $q = \frac{\gamma s}{4\mu}\left(1 - e^{-\frac{4\mu}{m s}x}\right)$ in kg/qm.

Mit $\gamma = 800$ kg/cbm und $m = 3$ ergibt sich mit $e^{-1} = \frac{1}{e} = \frac{1}{2,718} = 0,368$:

$$\frac{q}{s} = \frac{800}{4\mu}\left(1 - 0,368^{\frac{4\mu}{3}\frac{x}{s}}\right).$$

Für eine gleichschwere Flüssigkeit wäre dagegen $q = \gamma x$ oder

$$\frac{q}{s} = 800\,\frac{x}{s}.$$

Folgende Uebersicht zeigt den Verlauf des Wanddruckes nach der Tiefe.

	$\mu = 0,25$	$0,50$	$0,75$	Flüssigkeit
$\frac{x}{s} = 1$	$\frac{q}{s} = 235$	195	169	800
2	389	295	231	1600
3	505	346	253	2400
4	589	372	262	3200
5	648	385	265	4000
6	692	393	266	4800
7	722	396	267	5600
8	750	398	267	6400
9	760	399	267	7200
10	764	399	267	8000
∞	800	400	267	—

Im ersten »Feld«, dessen Höhe gleich der Weite s genommen wird, findet sich hiernach ein Wanddruck am unteren Rande des Feldes von etwa $^1/_3$ bis $^1/_5$ des Flüssigkeitsdruckes. Weiter unten ändert sich der Druck nur noch wenig. Im 8. bis 10. Felde stellt sich der Wanddruck auf etwa $^1/_{10}$ bis $^1/_{30}$ vom Flüssigkeitsdruck, je nach der Reibung.

Janßen hat Versuche an kleinen Apparaten ausgeführt. Messungen des Druckes an Silos hat Prandtl vorgenommen [1]). Ausführlichere Untersuchungen hat Pleißner im Auftrage der Firma T. Bienert in Dresden-Plauen ausgeführt und berechnet [2]). Nach den letzteren Versuchsergebnissen lassen sich die Werte für μ und m in runden Zahlen folgendermaßen entnehmen:

Art und Form des Silos	für Weizen			für Roggen			Siloweite	Bemerkungen
	μ	m	$\frac{4\mu}{m}$	μ	m	$\frac{4\mu}{m}$	$\frac{s}{m}$	
runder Blechsilo	0,20	2,5	$^1/_3$	—	—	—	1,5	Eisenblech
kleiner Brettsilo	0,25	3,0	$^1/_3$	0,35	3,0	$^1/_2$	1,5	} senkrechte ungehobelte Bretter
großer Brettsilo	0,45	3,5	$^1/_2$	0,60	3,5	$^2/_3$	2,7	
Lattensilo . .	0,45	2,7	$^2/_3$	0,70	3,7	$^3/_4$	1,6	Packwände, abgesetzt, rauh
Ringsilo . . .	0,60	3,0	$^3/_4$	0,75	3,0	1	1,6	» mit eingebauten Leisten
Betonsilo . . .	0,75	3,0	1	0,85	3,5	1	3,0	» mit vorspringenden Leisten

[1]) Z. d. V. d. I. 1896 S. 1122 bis 1125.
[2]) Z. d. V. d. I. 1906 S. 976 bis 1022.

Druckstrahlentheorie.

Um die Theorie allgemeiner zu entwickeln und auf beliebige Schachtformen zu beziehen, hat man den Einfluß zu verfolgen, den das Gewicht eines einzelnen Getreidekornes auf beliebig geneigte Wandungen und Bodenflächen äußert, und durch Summation den Einfluß der gesamten Füllung zu bestimmen.

Ein einzelnes, auf wagerechter Schüttfläche liegendes Korn stützt sich freilich verschiedenartig auf mehrere darunter liegende Körner. Von allen möglichen Lagen braucht man aber bei der großen Masse nur die wahrscheinlichen Mittelwerte als allgemein gültig anzusehen. Als solche lassen sich in der Grundrißprojektion, Fig. 1, vier aufeinander senkrechte Richtungen annehmen, die den Seitenflächen einer rechteckigen Siloform entsprechen sollen. Alle schräg laufenden Druckrichtungen zerlegen sich in diese Richtungen. Im Aufriß, Fig. 2, geht der resultierende Druck schräg abwärts. Er wächst von der Oberfläche aus allmählich mit der Tiefe durch das Gewicht der durchdrungenen Teile der Masse, bis er an die Wand stößt. Hier erzeugt der Druck eine gewisse Pressung und eine Reibung, wodurch er sich zum Teil ausgleicht, im übrigen nach unten reflektiert unter gleichem Neigungswinkel. Die Gleichgewichtsbedingungen für die an der Wandfläche wirksamen Kräfte lassen sich ohne weiteres auch für beliebig geneigte Flächen und schräge Bodenflächen aufstellen. Hierbei sind jedoch verschiedene Fälle für begrenzte Winkelzonen zu unterscheiden, sowohl hinsichtlich der Umkehrbarkeit der Reibungskraft als der Richtung der Druckstrahlen.

Der Winkel β, unter dem die Druckstrahlen gegen die Wagerechte verlaufen, ließe sich vielleicht durch Versuche ermitteln oder als wahrscheinlicher Mittelwert der Stützung eines Kornes von gegebener Form berechnen; doch bestimmt er sich einfacher aus den bereits ausgeführten Messungen an Silos, wie sich weiterhin ergeben wird, zu 45 bis 60°, und zwar im Mittel tg $\beta = 1{,}2$ für Weizen und 1,3 für Roggen, entsprechend 50 und 53°.

Man erkennt eine gewisse Aehnlichkeit zwischen den hier angenommenen Druckstrahlen und den Fließfiguren, die sich auf der Oberfläche eiserner Stäbe bei Zerreißversuchen als sogenannte Kraftlinien zeigen und als die Richtungen der eigentlich wirksamen Zugkräfte zwischen den Molekülen gelten. Sie verlaufen ebenfalls unter 45° bis 60° Neigung zum Querschnitt der Stäbe. Das Verhältnis $p:q$ entspricht augenscheinlich den Längs- und Querspannungen in festen Körpern und mag daher übereinstimmend mit m bezeichnet werden.

Bodendruck bei wagerechter
Schüttung.

Das Gewicht G eines Kornes, Fig. 2, zerlegt sich in der angenommenen Aufrißebene in die Kräfte W und U und in der dazu senk-

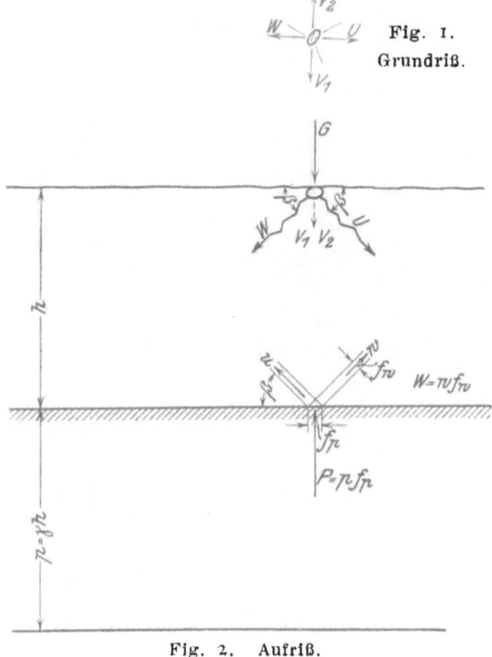

1*

rechten Aufrißebene in V_1 und V_2, die durchschnittlich alle gleich groß sind und den Winkel β mit der Wagerechten bilden. Ihre senkrechten Seitenkräfte sind zusammen gleich G. Es ist $W \sin \beta = \dfrac{G}{4}$ oder $W = U = V_1 = V_2 = \dfrac{G}{4} \dfrac{1}{\sin \beta}$.

Man kann das Gewicht G ersetzen durch einen auf ein Flächenstück f_0 der Oberfläche wirkenden spéz. Druck p_0, so daß $G = f_0 p_0$ ist. Die Pressung wächst von der Oberfläche nach unten mit der Höhe h und dem spez. Gewicht γ der Schüttmasse. An einem Flächenstücke f_p des Bodens herrscht bekanntlich die Pressung $p = \gamma h$. Die Kraft $P = p f_p$ zerlegt sich nach oben in die Masse hinein wie vorher das Gewicht G nach unten. Jede Seitenkraft $W = \dfrac{p f_p}{4 \sin \beta}$ bedingt eine Pressung w für die Fläche f_w, $W = w f_w$, wobei f_w als Projektion von f_p in der Richtung W anzunehmen ist, $f_w = f_p \sin \beta$. Aus $W = w f_w = w f_p \sin \beta$ und $W = \dfrac{p f_p}{4 \sin \beta}$ folgt $w = \dfrac{p}{4 \sin^2 \beta} = \dfrac{\gamma h}{4 \sin^2 \beta}$.

Ebenso ist $u = \dfrac{U}{f_u}$, ferner v_1 und v_2 je $= \dfrac{\gamma h}{4 \sin^2 \beta}$ für beliebige Höhen h unterhalb der Oberfläche.

Bodendruck unter schräger Schüttung, Fig. 3 und 4.

Liegt die Oberfläche unter dem Schüttwinkel σ, der kleiner als der Böschungswinkel der Masse ist, so treffen die von einer Stelle f_p des Bodens ausgehenden Druckstrahlen die Oberfläche in verschiedener Höhe. In der senkrecht zur Schüttkante liegenden Aufrißebene, Fig. 3, ist $h_w > h_u$. Die Kraft

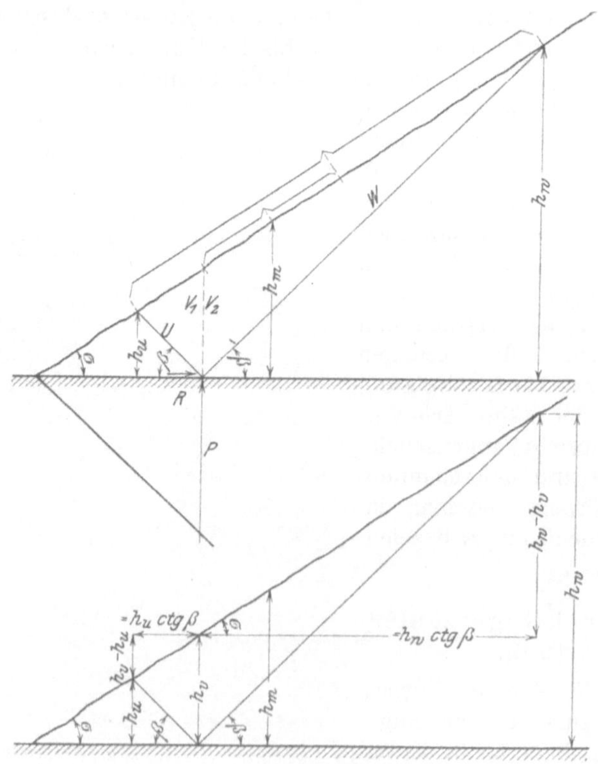

Fig. 3 und 4.

$W = wf_w$ richtet sich infolge der Summation der in ihrer Richtung liegenden Einzelgewichte nach h_w; mit $w = \frac{\gamma h_w}{4 \sin^2 \beta}$ und $f_w = f_p \sin \beta$ wird $W = \frac{\gamma h_w f_p}{4 \sin \beta}$.

Entsprechend ist $u = \frac{\gamma h_u}{4 \sin^2 \beta}$ und $U = \frac{\gamma h_u f_p}{4 \sin \beta}$.

In der zweiten Aufrißebene wird $v_1 = v_2 = \frac{\gamma h_v}{4 \sin^2 \beta}$ und $V_1 = V_2 = \frac{\gamma h_v f_p}{4 \sin \beta}$.

Der resultierende Bodendruck ergibt sich zu $P = (W + U + V_1 + V_2) \sin \beta = \gamma \left(\frac{h_w + h_u + 2 h_v}{4}\right) f_p$. Die für den Bodendruck maßgebende mittlere Höhe $h_m = \left(\frac{h_w + h_u + 2 h_v}{4}\right)$ fällt hierbei etwas größer als h_v aus, weil h_w nach oben viel weiter von h_v abweicht als h_u nach unten.

Nach Fig. 4 ist $(h_w - h_v) : h_w \operatorname{ctg} \beta = \operatorname{tg} \sigma$, also $h_w = \dfrac{h_v}{1 - \operatorname{ctg} \beta \operatorname{tg} \sigma}$

und $\qquad (h_v - h_u) : h_u \operatorname{ctg} \beta = \operatorname{tg} \sigma$, » $h_u = \dfrac{h_v}{1 + \operatorname{ctg} \beta \operatorname{tg} \sigma}$.

Hiermit ergibt sich weiter $h_m = h_v \dfrac{\operatorname{tg}^2 \beta - \frac{1}{2} \operatorname{tg}^2 \sigma}{\operatorname{tg}^2 \beta - \operatorname{tg}^2 \sigma}$.

Graphisch findet man h_m als Mittelwert zwischen $\dfrac{h_w + h_u}{2}$ und h_v.

Da nun W am Boden einen stärkeren Seitendruck ausübt als U, kann das Gleichgewicht in wagerechter Richtung nur durch die Reibung am Boden erhalten werden, ohne daß jedoch die volle Reibungsgröße in Anspruch genommen wird, bei der ein Gleiten eintreten könnte. Statt der vollen Reibziffer $\mu = \operatorname{tg} \varrho$ zwischen Boden und Masse kommt hier nur ein Bruchteil davon $\mu_x = \operatorname{tg} \varrho_x$ zur Wirkung, der zum Ausgleich eben genügt. Die Reibung beträgt dabei $R = P \operatorname{tg} \varrho_x = W \cos \beta - U \cos \beta$. Durch Benutzung der vorigen Werte ergibt sich $\gamma h_m f_p \operatorname{tg} \varrho_x = \dfrac{\gamma f_p \cos \beta}{4 \sin \beta} (h_w - h_u)$ oder

$$\operatorname{tg} \varrho_x = \frac{h_w - h_u}{h_m} \frac{\operatorname{ctg} \beta}{4} = 2 \operatorname{tg}^2 \beta \operatorname{ctg} \sigma - \operatorname{tg} \sigma.$$

Geht man zu dem Grenzfall über, daß die Schüttung unter dem natürlichen Böschungswinkel ω liegt, und bezieht die Rechnung auf eine wagerechte Ebene in der Schüttmasse selbst, so erkennt man als äußersten Grenzwert für $\operatorname{tg} \varrho_x$ die innere Reibung der Masse, die dadurch bestimmt ist, daß auf der Böschung als schiefer Ebene gerade Gleiten eintritt, abgesehen von der möglichen Abrollung der Körner auf der Böschung, also $\varrho_x = \omega$. Für diesen Fall findet sich $\operatorname{tg} \beta = \dfrac{1}{\sqrt{2 \cos \omega}}$.

Im allgemeinen wird $\operatorname{tg} \varrho_x$ kleiner sein, etwa $\frac{1}{3}$ von $\operatorname{tg} \omega$. Auf glattem Schüttboden rollen die untersten Körner am Rande der Böschung vor, weil die Reibung zu gering ist, um hier den Böschungswinkel in voller Größe einzuhalten, doch bleibt dahinter die Schüttung liegen, trotz der mäßigen Bodenreibung.

Für die folgenden Beispiele ist der Einfachheit wegen $\beta = 45^0$ gesetzt; dabei wird $w = \dfrac{\gamma h_w}{4 \sin^2 \beta} = \frac{1}{2} \gamma h_w$.

Wanddruck an einseitiger senkrechter Wand bei wagerechter Oberfläche, Fig. 5 bis 7.

Der die Wand, Fig. 5, treffende Druckstrahl W reflektiert in verminderter Stärke als $U = \lambda W$ in der Richtung β gegen die Wagerechte; der Wanddruck

$Q = q f_q$ gleicht den wagerechten Druck von W und U aus, $Q = (W + U)\cos\beta$;

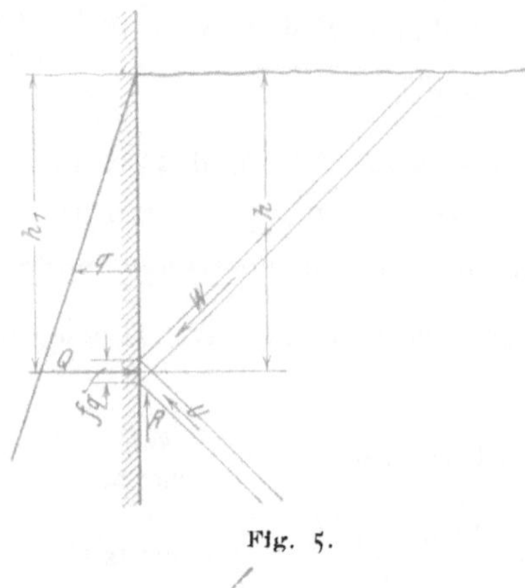

Fig. 5.

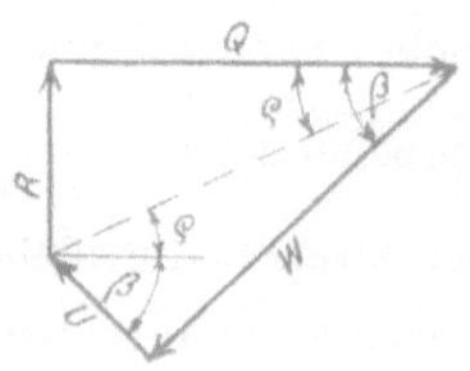

Fig. 7.

die Wandreibung $R = Q\,\mathrm{tg}\,\varrho$ den Unterschied der senkrechten Drücke $R = (W - U)\sin\beta$. Für $f_w = f_q \cos\beta$ nach Fig. 6 gilt $W = w f_w = w f_q \cos\beta$ und für $f_u = f_q \cos\beta$ ist $U = u f_u = u f_q \cos\beta$, also $\lambda = \dfrac{u}{w} = \dfrac{U}{W}$. Dieser

letzte Ausdruck ergibt sich aus dem Kräftepolypon, Fig. 7, zu $\dfrac{U}{W} = \dfrac{\sin(\beta - \varrho)}{\sin(\beta + \varrho)}$ oder

$$\lambda = \frac{\mathrm{tg}\,\beta - \mathrm{tg}\,\varrho}{\mathrm{tg}\,\beta + \mathrm{tg}\,\varrho}.$$

Hiermit wird $Q = W(1 + \lambda)\cos\beta$.

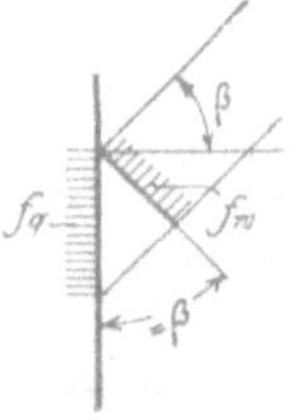

Fig. 6.

Mit $w = \dfrac{\gamma h}{4\sin^2\beta}$ folgt

$$q = w\cos^2\beta\left(1 + \frac{\sin(\beta - \varrho)}{\sin(\beta + \varrho)}\right) = w\cdot\frac{\sin 2\beta}{\mathrm{tg}\,\beta + \mathrm{tg}\,\varrho} = \frac{\gamma h}{2\,\mathrm{tg}\,\beta\,(\mathrm{tg}\,\beta + \mathrm{tg}\,\varrho)}.$$

Für $\beta = 45^0$ wird $\lambda = \dfrac{1 - \mathrm{tg}\,\varrho}{1 + \mathrm{tg}\,\varrho}$ und $q = \dfrac{1/2\,\gamma h}{1 + \mathrm{tg}\,\varrho}$.

Wenn dazu $\mathrm{tg}\,\varrho = 0{,}5$ gesetzt wird, ergibt sich $\lambda = 1/3$, und der Wanddruck zu $q = 2/3\,w = 1/3\,\gamma h$.

Für eine flüssige Masse würde der Druck γh betragen.

Nach der Erddrucktheorie gilt $q = \gamma h\,\mathrm{tg}^2(45 - 1/2\,\omega)$, wonach für $\omega = 30^0$ Böschungswinkel ebenfalls $q = 1/3\,\gamma h$ folgt.

Das Verhältnis $p:q$ und $\mathrm{tg}\,\beta$.

Im Innern der Schüttmasse besteht nach den vorigen Aufstellungen für eine kleine wagerechte Fläche der Druck $p = 4 w\sin^2\beta$ und für eine kleine senkrechte Fläche mit $\mathrm{tg}\,\varrho = 0$ der Druck $q = 2 w\cos^2\beta$. Daraus ergibt sich die einfache Beziehung $\dfrac{p}{q} = 2\,\mathrm{tg}^2\beta$.

Für	$\dfrac{p}{q} =$	2	2,5	2,88	3	3,125	3,38	3,55	4
wird	$\mathrm{tg}\,\beta =$	1	1,12	1,20	1,225	1,25	1,30	1,333	1,41

Bodendruck an einseitiger senkrechter Wand bei wagerechter Oberfläche, Fig. 8 und 9.

Die Druckstrahlen gehen unmittelbar bis zum Boden durch, soweit dieser mehr als $h\,\mathrm{ctg}\,\beta$ von der Wand abliegt, wobei $p = \gamma h$ ist. In geringerer Entfernung nimmt der Bodendruck gegen die Wand hin gleichmäßig ab. Es ist nach Fig. 9 $\quad P = (W + U + V_1 + V_2) \sin\beta = p f_p.$ $\quad$ Mit $\quad f_w = f_u = f_v = f_p \sin\beta$ wird $p = (w + u + v_1 + v_2) \sin^2\beta.$

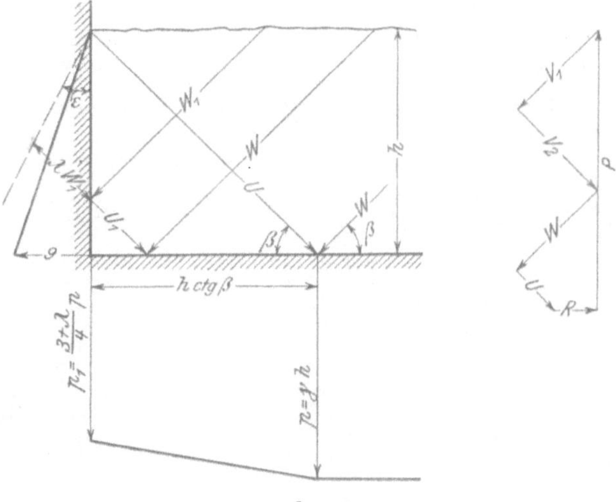

Fig. 8 und 9.

Dicht neben der Wand ist $u_1 = \lambda w_1$ und $v_1 = v_2 = w = \dfrac{\gamma h}{4 \sin^2\beta}$; damit erhält man $p_1 = \gamma h \dfrac{3+\lambda}{4}$.

Für $\lambda = {}^1/_3$ ist z. B. $p_1 = {}^5/_6 \gamma h$. Der Wanddruck, der von oben nach unten von o auf $q = {}^1/_3 \gamma h$ wächst, erzeugt an der Wand von der Breite b die Reibung ${}^1/_2 q h b \operatorname{tg}\varrho$ bei $\operatorname{tg}\varrho = {}^1/_2$, d. i. ${}^1/_{12} \gamma h^2 b$. Eine gleiche Entlastung erfährt der Bodendruck, nämlich ${}^1/_2 (\gamma h - {}^5/_6 \gamma h) b h \operatorname{ctg}\beta$. Das Verhältnis des Bodendruckes zum unteren Wanddruck stellt sich auf $p : q = ({}^5/_6$ bis $1) : {}^1/_3$ oder 2,5 bis 3.

Der Druck U enthält die Größe λW_1 und eine unmittelbare Zunahme mit der Länge von der Wand zum Boden. Man kann zur besseren Uebersicht die Größe λW_1 in der Richtung von U nach außen auftragen und U so bemessen, als ob der Druck von einer so gedachten steilen Böschung statt von der Oberfläche und der Wand ausginge, s. Fig. 8.

Der oben an der Wand anzutragende Winkel ε berechnet sich für das Dreieck mit λW_1 und der Wandhöhe h nach dem Sinussatz aus

$$h : \lambda \frac{h}{\sin\beta} = \sin(\beta + 90 - \varepsilon) : \sin\varepsilon$$

zu $\operatorname{tg}\varepsilon = {}^1/_2 (\operatorname{ctg}\varrho - \operatorname{ctg}\beta)$, z. B. $\operatorname{tg}\varepsilon = {}^1/_2 (2 - 1) = {}^1/_2$.

Wanddruck an senkrechter Wand bei geböschter Oberfläche, Fig. 10.

Gegenüber der Höhe h_1 an der Wand vergrößert sich die Druckhöhe für den Strahl W um $h_w - h_1 = h_w \operatorname{ctg}\beta \operatorname{tg}\sigma$. Mit $h_w = \dfrac{h_1}{1 - \operatorname{ctg}\beta \operatorname{tg}\sigma}$ nach Fig. 4 folgt

$$w = \frac{\gamma h_w}{4 \sin^2\beta} = \frac{\gamma h_1}{2 \sin 2\beta\,(\operatorname{tg}\beta - \operatorname{tg}\sigma)} \quad \text{und} \quad q = \frac{w \sin 2\beta}{\operatorname{tg}\beta + \operatorname{tg}\varrho} = \frac{\gamma h_1}{2\,(\operatorname{tg}\beta - \operatorname{tg}\sigma)(\operatorname{tg}\beta + \operatorname{tg}\varrho)}.$$

Der Rückstrahlungsgrad bleibt unverändert $\lambda = \dfrac{\operatorname{tg}\beta - \operatorname{tg}\varrho}{\operatorname{tg}\beta + \operatorname{tg}\varrho}$.

Die außerhalb der Wand gedachte Böschung liegt gegen die Wand unter der Neigung

$$\operatorname{tg}\varepsilon = \frac{\operatorname{tg}\beta - \operatorname{tg}\varrho}{2\,\operatorname{tg}\beta\,\operatorname{tg}\varrho - (\operatorname{tg}\beta + \operatorname{tg}\varrho)\,\operatorname{tg}\sigma}.$$

Für $\operatorname{tg}\beta = 1$, $\operatorname{tg}\sigma = {}^2\!/_3$ und $\operatorname{tg}\varrho = {}^1\!/_2$ findet sich $\varepsilon = 90^0$, ferner $w = {}^3\!/_2\,\gamma\,h_1$ und der Wanddruck $q = \gamma\,h_1$, und für $\operatorname{tg}\sigma = -{}^2\!/_3$ wird $q = \dfrac{\gamma\,h_1}{5}$.

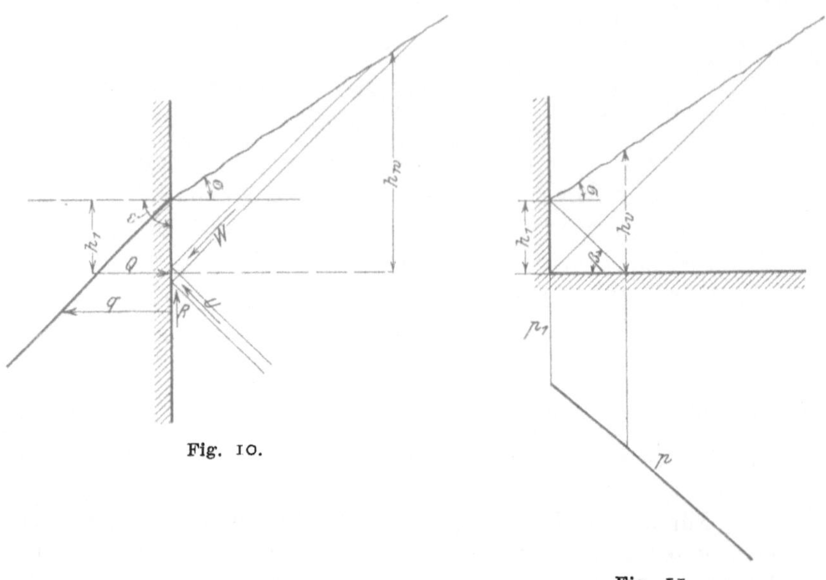

Fig. 10.

Fig. 11.

Bodendruck an einseitiger senkrechter Wand bei geböschter Oberfläche, Fig. 11.

In größerem Abstand als $h_1 \operatorname{ctg}\beta$ von der Wand ist (nach Fig. 3) wieder $p = \gamma\,h_m$ mit $h_m = {}^1\!/_4\,(h_w + h_u + 2\,h_v)$. In kleinerem Abstand ändert sich der Bodendruck gleichmäßig von p bis p_1 und erreicht dicht an der Wand den Wert

$$p_1 = \gamma\,{}^1\!/_4\,(h_{w1} + \lambda\,h_{w1} + 2\,h_1).$$

Für $\operatorname{tg}\sigma = {}^2\!/_3$ ist $h_w = \dfrac{h_v}{1 - \operatorname{ctg}\beta\,\operatorname{tg}\sigma} = 3\,h_v$ und $h_u = \dfrac{h_v}{1 + \operatorname{ctg}\beta\,\operatorname{tg}\sigma} = {}^3\!/_5\,h_v$, danach $h_m = {}^1\!/_4\,(3 + {}^3\!/_5 + 2)\,h_v = {}^7\!/_5\,h_v$, also $p = {}^7\!/_5\,\gamma\,h_v$ in mehr als $h_1 \operatorname{ctg}\beta = h_1$ Abstand von der Wand. Am Grenzpunkt ist $h_v = {}^5\!/_3\,h_1$, also $p = {}^7\!/_3\,\gamma\,h_1$. Dicht an der Wand kommt der Bodendruck auf $p = \gamma\,{}^1\!/_4\,(3\,h_1 + {}^1\!/_3\,3\,h_1 + 2\,h_1) = {}^3\!/_2\,\gamma\,h_1$ und ist hier nur ${}^3\!/_2$mal so groß wie der untere Wanddruck.

Wand- und Bodendruck bei senkrechter Wand und am Rande geböschter Oberfläche, Fig. 12.

Als Beispiel sei angenommen, daß die Schüttfläche mit $\operatorname{tg}\sigma = {}^2\!/_3$ von h_1 auf $h = {}^3\!/_2\,h_1$ ansteige, und zwar von 2 auf 3 m Höhe, Fig. 12. Die Wand wird infolge des Abfallens des Schüttrandes bis auf 0,5 m von oben entlastet, an der Grenze mit $q = {}^1\!/_6\,\gamma\,h$ beansprucht, darunter aber wie bei voller Schüttung h, so daß unten $q = {}^1\!/_3\,\gamma\,h$ wird. Der Boden erfährt in über 4,5 m Abstand den vollen Druck $p = \gamma\,h$; bis zu 2 m Abstand sinkt er auf ${}^{11}\!/_{12}\,\gamma\,h$ und bleibt so bis 1,5 m Abstand, indem dazwischen der Winkel $\varepsilon = 90^{\circ}$ und $h_v = h$ ist; er geht schließlich auf $^2/_3\,\gamma h = \gamma h_1$ an der Wand zurück. Der Bodendruck wird hier zwei- bis dreimal so groß wie der untere Wanddruck.

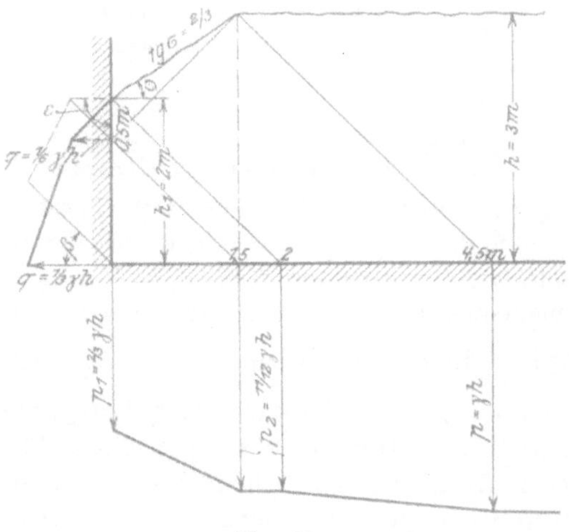

Fig. 12.

Wanddruck an nach innen geneigter Wand, Fig. 13 bis 16.

Wenn die Wand nach innen geneigt steht unter einem Winkel ψ, der kleiner als $90 - \beta$ ist, trifft der Druckstrahl W die Wandung. Hierbei gilt (nach Fig. 15) $f_w = f_q \cos(\beta + \psi)$ und (nach Fig. 16) $f_u = f_q \cos(\beta - \psi)$.

Nach dem Kräftepolygon, Fig. 14, ist

$$\frac{U}{W} = \frac{\sin(\beta - \varrho + \psi)}{\sin(\beta + \varrho - \psi)} = \frac{\operatorname{tg}\beta - \operatorname{tg}(\varrho - \psi)}{\operatorname{tg}\beta + \operatorname{tg}(\varrho - \psi)},$$

folglich

$$\lambda = \frac{u}{w} = \frac{\cos(\beta + \psi)}{\cos(\beta - \psi)}\,\frac{U}{W} = \frac{1 - \operatorname{tg}\beta\,\operatorname{tg}\psi}{1 + \operatorname{tg}\beta\,\operatorname{tg}\psi}\,\frac{\operatorname{tg}\beta - \operatorname{tg}(\varrho - \psi)}{\operatorname{tg}\beta + \operatorname{tg}(\varrho - \psi)}.$$

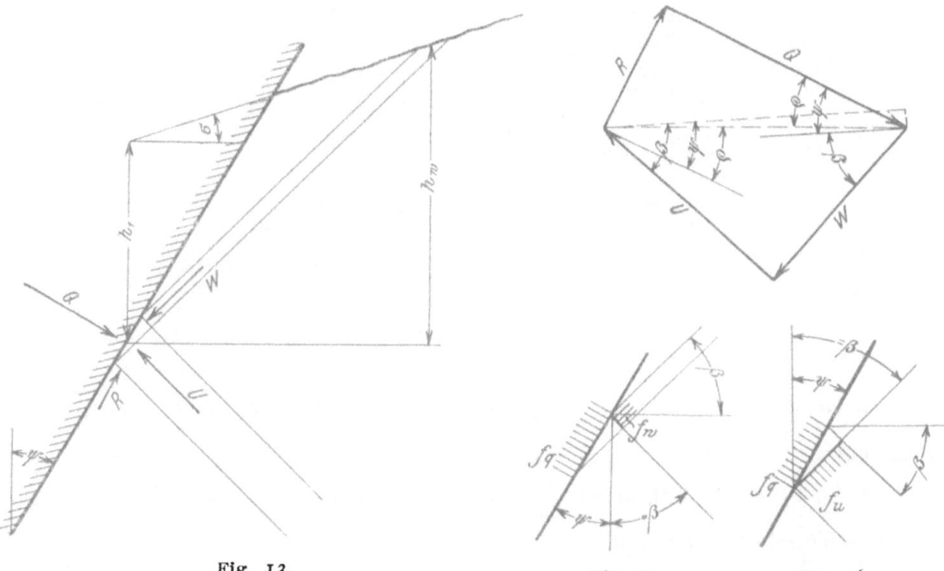

Fig. 13. Fig. 15. Fig. 16.

Ferner ist in wagerechter Richtung nach Fig. 14

$$\frac{Q}{\cos \varrho}\, \cos (\varrho - \psi) = (W + U)\cos \beta,$$

daher

$$q = \frac{w \sin 2\beta}{\operatorname{tg} \beta + \operatorname{tg}(\varrho - \psi)} \cdot \frac{1 - \operatorname{tg}\beta\,\operatorname{tg}\psi}{1 + \operatorname{tg}\varrho\,\operatorname{tg}\psi}$$

und mit $w = \dfrac{\gamma\, h_w}{4 \sin^2 \beta}$:

$$q = \frac{\gamma\, h_w}{2\,\operatorname{tg}\beta} \cdot \frac{1}{\operatorname{tg}\beta + \operatorname{tg}(\varrho - \psi)} \cdot \frac{1 - \operatorname{tg}\beta\,\operatorname{tg}\psi}{1 + \operatorname{tg}\varrho\,\operatorname{tg}\psi}\, .$$

Wenn die Neigung ψ gerade gleich dem Reibwinkel ϱ ist, wird die Wandreibung nicht etwa aufgehoben, sondern nur etwas vermindert. Während in dem früheren Beispiel bei senkrechter Wand $q = {}^1/_3\,\gamma\,h_w$ war, kommt hierbei $q = {}^1/_5\,\gamma\,h_w$, und dementsprechend verringert sich die Reibung längs der Wand nur im Verhältnis $3 : 5$. In beiden Fällen ist $\dfrac{u}{w} = {}^1/_3$, bei dazwischen liegenden Neigungswinkeln etwas größer. Bei stärkerer Neigung, nämlich für $\psi \geqq 90 - \beta$, ergäbe die Rechnung $q = 0$. Hier aber versagt diese Theorie, weil sie den immerhin vorhandenen Ausgleich der Drücke im Innern der Masse nicht enthält, sondern starre geradlinige Fortsetzung der Druckstrahlen annimmt. Erst wenn die Wand nach dem Böschungswinkel ω geneigt oder noch flacher liegt, erfährt sie tatsächlich keinen Druck mehr. Indes gelangt der Fall $\psi > 90 - \beta$ kaum jemals zu praktischer Bedeutung.

Wanddruck an nach außen geneigter Wand, Fig. 17 bis 21.

Bei der Neigung der Wand nach außen im Winkel φ gegen die Senkrechte kommen außer W auch noch die Druckstrahlen V_1 und V_2 an der Wandfläche zur Wirkung.

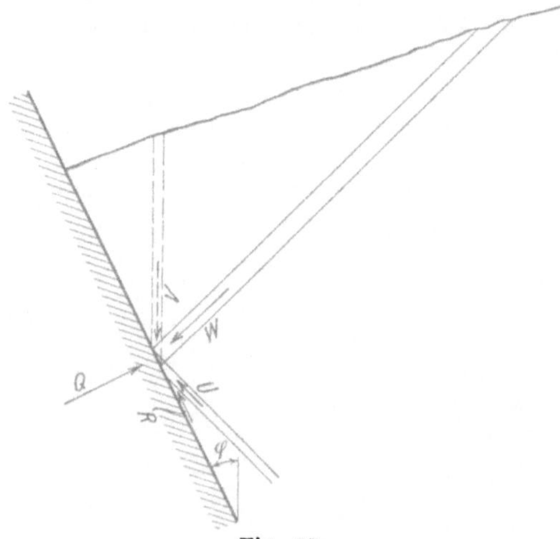

Fig. 17.

Es ist $W = w f_w$ mit $w = \dfrac{\gamma\, h_w}{4 \sin^2 \beta}$ und $f_w = f_q \cos(\beta - \varphi)$ nach Fig. 19, außerdem

$$V_1 = V_2 = v f_v \quad \text{mit} \quad v = \frac{\gamma\, h_v}{4 \sin^2 \beta} \quad \text{und} \quad f_v = f_q \sin \beta \sin \varphi \quad \text{nach Fig. 20,}$$

dazu schließlich $U = u f_u$ mit

$$u = \lambda w \quad \text{und} \quad f_u = f_q \cos(\beta + \varphi) \quad \text{nach Fig. 21.}$$

Bei schräger Schüttung ist $h_v = h_w\,(\mathrm{I} - \operatorname{ctg}\beta\,\operatorname{tg}\sigma)$.
Hiernach wird

$$\frac{V}{W} = \frac{h_v}{h_w}\,\frac{\operatorname{tg}\beta\,\operatorname{tg}\varphi}{\mathrm{I} + \operatorname{tg}\beta\,\operatorname{tg}\varphi} = \frac{\operatorname{tg}\beta - \operatorname{tg}\sigma}{\operatorname{tg}\beta + \operatorname{ctg}\varphi}\,.$$

Nach dem Kräftepolygon, Fig. 18, gilt

$$\frac{Q}{\cos\varrho}\cos(\varphi + \varrho) = (W + U)\cos\beta,$$

$$\frac{Q}{\cos\varrho}\sin(\varphi + \varrho) = (W - U + 2\,V)\sin\beta$$

mit der Folgerung:

$$\frac{U}{W} = \frac{\operatorname{tg}\beta - \operatorname{tg}(\varphi + \varrho) + 2\,\dfrac{h_v}{h_w}\,\dfrac{\operatorname{tg}^2\beta\,\operatorname{tg}\varphi}{\mathrm{I} + \operatorname{tg}\beta\,\operatorname{tg}\varphi}}{\operatorname{tg}\beta + \operatorname{tg}(\varphi + \varrho)}$$

oder

$$\frac{U}{W} = \frac{(\mathrm{I} + \operatorname{tg}\beta\,\operatorname{tg}\varphi)(\operatorname{tg}\beta - \operatorname{tg}(\varrho + \varphi)) + 2\,\operatorname{tg}\beta\,\operatorname{tg}\varphi\,(\operatorname{tg}\beta - \operatorname{tg}\sigma)}{(\mathrm{I} + \operatorname{tg}\beta\,\operatorname{tg}\varphi)(\operatorname{tg}\beta + \operatorname{tg}(\varrho + \varphi))}\,.$$

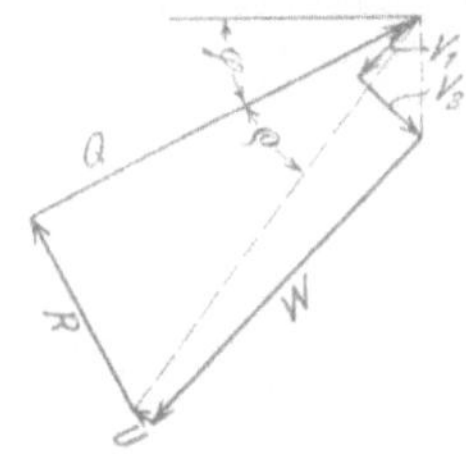 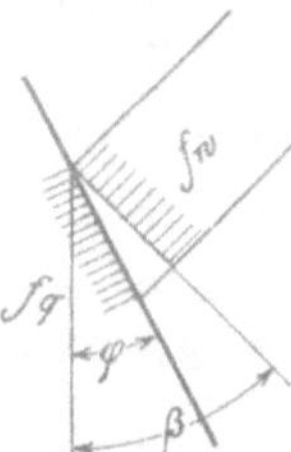 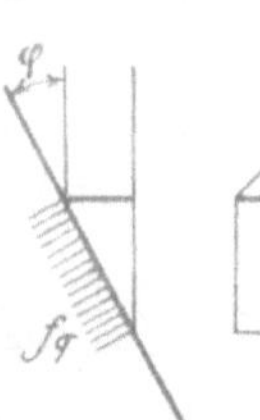 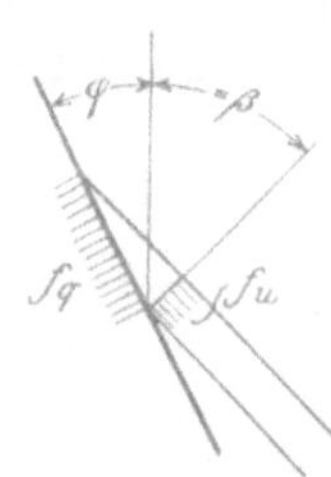

Fig. 18.   Fig. 19.   Fig. 20.   Fig. 21.

Weiter läßt sich ableiten:

$$\lambda = \frac{u}{w} = \frac{\cos(\beta - \varphi)}{\cos(\beta + \varphi)}\,\frac{U}{W} = \frac{\mathrm{I} + \operatorname{tg}\beta\,\operatorname{tg}\varphi}{\mathrm{I} - \operatorname{tg}\beta\,\operatorname{tg}\varphi}\,\frac{U}{W},\quad \text{d. i.}$$

$$\lambda = \frac{(\mathrm{I} + \operatorname{tg}\beta\,\operatorname{tg}\varphi)(\operatorname{tg}\beta - \operatorname{tg}\varphi - \operatorname{tg}\varrho - \operatorname{tg}\beta\,\operatorname{tg}\varphi\,\operatorname{tg}\varrho) + 2\,\dfrac{h_v}{h_w}\operatorname{tg}^2\beta\,\operatorname{tg}\varphi\,(\mathrm{I} - \operatorname{tg}\varphi\,\operatorname{tg}\varrho)}{(\mathrm{I} - \operatorname{tg}\beta\,\operatorname{tg}\varphi)(\operatorname{tg}\beta + \operatorname{tg}\varphi + \operatorname{tg}\varrho - \operatorname{tg}\beta\,\operatorname{tg}\varphi\,\operatorname{tg}\varrho)},$$

oder

$$\lambda = \frac{(\mathrm{I} + \operatorname{tg}\beta\,\operatorname{tg}\varphi)(\operatorname{tg}\beta - \operatorname{tg}(\varrho + \varphi)) + 2\,\dfrac{h_v}{h_w}\operatorname{tg}^2\beta\,\operatorname{tg}\varphi}{(\mathrm{I} - \operatorname{tg}\beta\,\operatorname{tg}\varphi)(\operatorname{tg}\beta + \operatorname{tg}(\varrho + \varphi))},$$

worin $\dfrac{h_v}{h_w} = \mathrm{I} - \operatorname{ctg}\beta\,\operatorname{tg}\sigma$ gesetzt werden kann.

Der Wanddruck beträgt $\dfrac{Q}{f_\varrho}$ und berechnet sich zu

$$q = \frac{\gamma}{2}\,\frac{h_v\,\operatorname{tg}\varphi + h_w\,(\operatorname{tg}\varphi + \operatorname{ctg}\beta)}{\operatorname{tg}\beta + \operatorname{tg}\varphi + \operatorname{tg}\varrho - \operatorname{tg}\beta\,\operatorname{tg}\varphi\,\operatorname{tg}\varrho}\,,$$

oder für eine Böschung:

$$q = \frac{\gamma\,h_w}{2}\,\frac{\operatorname{ctg}\beta + \operatorname{tg}\varphi\,(2 - \operatorname{ctg}\beta\,\operatorname{tg}\sigma)}{\operatorname{tg}\beta + \operatorname{tg}\varphi + \operatorname{tg}\varrho - \operatorname{tg}\beta\,\operatorname{tg}\varphi\,\operatorname{tg}\varrho}\,,$$

wobei $h_w = \dfrac{h_v}{\mathrm{I} - \operatorname{ctg}\beta\,\operatorname{tg}\sigma}$ ist.

In Fig. 17 und 18 ist $\operatorname{tg}\varphi = {}^1/_2$ und $\operatorname{tg}\sigma = {}^1/_3$ für $\operatorname{tg}\varrho = {}^1/_2$ gezeichnet.

Für $\varphi = 0$ ergeben sich hieraus die vorerst für die senkrechte Wand aufgestellten Formeln.

Mit zunehmender Neigung wird $\dfrac{U}{W}$ kleiner, während $\dfrac{u}{w}$ zunächst größer wird, dann abnimmt, bis beide Werte gleich null werden, das tritt ein, wenn

$$\operatorname{tg}\varrho = \frac{h_w\,(\operatorname{tg}\beta - \operatorname{tg}\varphi_0)\,(1 + \operatorname{tg}\beta\,\operatorname{tg}\varphi_0) + 2\,h_v\,\operatorname{tg}^2\beta\,\operatorname{tg}\varphi_0}{h_w\,(1 + \operatorname{tg}\beta\,\operatorname{tg}\varphi_0)^2 + 2\,h_v\,\operatorname{tg}^2\beta\,\operatorname{tg}^2\varphi_0}$$

ist, und zwar für $h_w = h_v$ bei

$$\operatorname{tg}\varphi_0 = \frac{3\operatorname{tg}\beta - \operatorname{ctg}\beta - 2\operatorname{tg}\varrho + \sqrt{9\operatorname{tg}^2\beta + \operatorname{ctg}^2\beta - 2 - 8\operatorname{tg}^2\varrho}}{2 + 6\operatorname{tg}\beta\,\operatorname{tg}\varrho}\;.$$

Im besonderen gilt für $\operatorname{tg}\beta = 1$ und $\operatorname{tg}\varrho = {}^1/_2$

	bei $\operatorname{tg}\sigma =$ 0	${}^1/_3$	${}^2/_3$
	$\varphi_0 = 34{}^1/_2$	29	$26{}^1/_2{}^\circ,$
mit dem Wanddruck $\dfrac{q_0}{\gamma\,h_v} =$ 0,65		0,8	1,5
oder $\dfrac{q_0}{\gamma\,h_w} =$ 0,65		0,535	0,5

Weiterhin bis $\varphi = 90 - \beta$ bleibt $U = 0$, indem sich die Masse an der Wand vollständig abstützt und dazu immer weniger an Reibung ausnutzt. Aus der Bedingung $U = 0$ erhält man von φ_0 bis $90 - \beta$ den abnehmenden Reibungswert

$$\operatorname{tg}\varrho_x = \frac{h_w\,(1 + \operatorname{tg}\beta\,\operatorname{tg}\varphi)\,(\operatorname{tg}\beta - \operatorname{tg}\varphi) + 2\,h_v\,\operatorname{tg}^2\beta\,\operatorname{tg}\varphi}{h_w\,(1 + \operatorname{tg}\beta\,\operatorname{tg}\varphi)^2 + 2\,h_v\,\operatorname{tg}^2\beta\,\operatorname{tg}^2\varphi}$$

oder

$$\operatorname{tg}\varrho_x = \frac{3\operatorname{tg}\beta - \operatorname{ctg}\beta - \operatorname{tg}\varphi + \operatorname{ctg}\varphi - 2\operatorname{tg}\sigma}{2 + 3\operatorname{tg}\beta\,\operatorname{tg}\varphi + \operatorname{ctg}\beta\,\operatorname{ctg}\varphi - 2\operatorname{tg}\varphi\,\operatorname{tg}\sigma}$$

oder

$$\operatorname{tg}(\varphi + \varrho_x) = \operatorname{tg}\beta + \frac{h_v}{h_w}\,\frac{2\operatorname{tg}^2\beta\,\operatorname{tg}\varphi}{1 + \operatorname{tg}\beta\,\operatorname{tg}\varphi}\;.$$

Hierbei ist der Wanddruck

$$q = \gamma\,\frac{h_w\,(1 + \operatorname{tg}\beta\,\operatorname{tg}\varphi)^2 + 2\,h_v\,\operatorname{tg}^2\beta\,\operatorname{tg}^2\varphi}{4\operatorname{tg}^2\beta\,(1 + \operatorname{tg}^2\varphi)}\;.$$

Der Grenzfall, Fig. 22,

mit der Neigung $\varphi = 90 - \beta$ benutzt, nach Fig. 23, nur den Reibwert

$$\operatorname{tg}\varrho_x = \frac{2\operatorname{tg}^2\beta - 1 - \operatorname{tg}\beta\,\operatorname{tg}\sigma}{3\operatorname{tg}\beta - \operatorname{tg}\sigma} = \frac{h_w\,(\operatorname{tg}\beta - \operatorname{ctg}\beta) + h_v\,\operatorname{tg}\beta}{2\,h_w + h_v}\;,$$

entsprechend

$$\operatorname{tg}(\varphi + \varrho_x) = \operatorname{ctg}(\beta - \varrho_x) = \left(1 + \frac{h_v}{h_w}\right)\operatorname{tg}\beta.$$

Der Wanddruck stellt sich hier auf

$$q = \frac{\gamma}{2}\,\frac{2\,h_w + h_v}{1 + \operatorname{tg}^2\beta} = \frac{\gamma\,h_w}{2}\,\frac{3 - \operatorname{ctg}\beta\,\operatorname{tg}\sigma}{1 + \operatorname{tg}^2\beta} = \frac{\gamma\,h_v}{2}\,\frac{1}{1 - \operatorname{ctg}\beta\,\operatorname{tg}\sigma}\,\frac{3 - \operatorname{ctg}\beta\,\operatorname{tg}\sigma}{1 + \operatorname{tg}^2\beta}$$

und für $\sigma = 0$ oder $h_w = h_v = h$ auf

$$q = \gamma\,h\,\frac{1,5}{1 + \operatorname{tg}^2\beta}\;.$$

Bei $\varphi = 90 - \beta = 45^\circ$ gilt für $\operatorname{tg}\sigma =$ 0 $\qquad {}^1/_3 \qquad {}^2/_3$

$$\operatorname{tg}\varrho_x = \frac{1 - \operatorname{tg}\sigma}{3 - \operatorname{tg}\sigma} = \frac{1}{1 + 2\dfrac{h_w}{h_v}} = 0,33 \qquad 0,25 \qquad 0,14$$

$$\text{mit}\ \ \frac{q}{\gamma\,h_v} = \frac{3 - \operatorname{tg}\sigma}{4\,(1 - \operatorname{tg}\sigma)} = {}^3/_4 \qquad\qquad 1\ {}^7/_4$$

$$\text{oder}\ \ \frac{q}{\gamma\,h_w} = \frac{3 - \operatorname{tg}\sigma}{4} = {}^3/_4 \qquad {}^2/_3 \qquad {}^7/_{12}$$

Unzulängliche Reibung, Fig. 24.

Wenn aber die Reibziffer $\operatorname{tg}\varrho$ kleiner ist als die soeben berechneten Werte von $\operatorname{tg}\varrho_x$, so wird U nicht $= 0$. Hierbei würde sich in dem Grenzfall $\varphi = 90 - \beta$ vielmehr u unendlich groß herausstellen, indem längs der Wand die Druckstrahlen U in unendlich kleinem Querschnitt $f_u = 0$ zusammenfallen. Statt dessen kann man, um das Gleichgewicht der Masse auf der schiefen Wand einzuhalten,

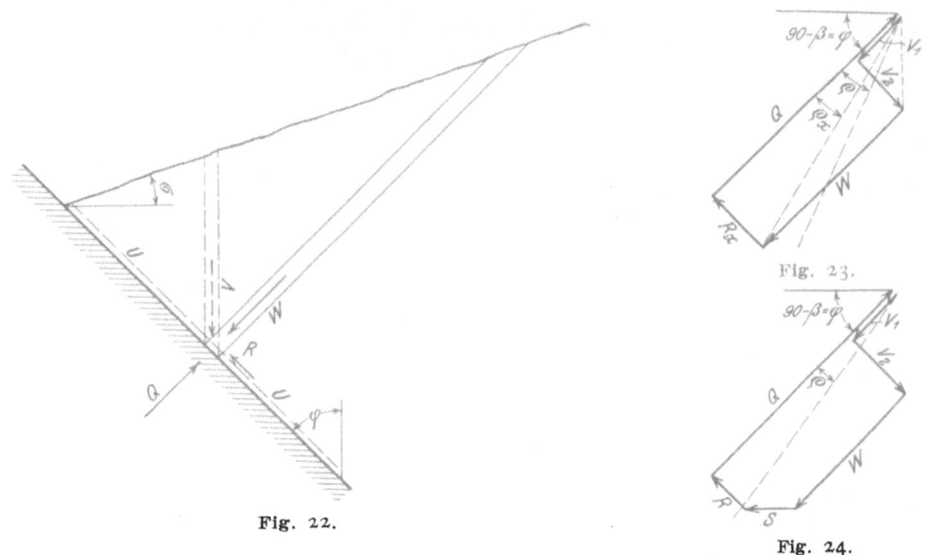

Fig. 22.

Fig. 23.

Fig. 24.

in diesem Fall eine wagerechte Stützkraft S annehmen, die als Druck quer durch die Masse von einer gegenüberliegenden Wand ausgeht, statt längs der Trichterwand. Nach Fig. 24 hat man ohne weitere Verfolgung der Kraft S anzusetzen: $Q \sin\varphi + Q \operatorname{tg}\varrho \cos\varphi = (2V + W) \sin\beta$ mit der Folgerung:

$$q = \frac{\gamma}{2} \frac{h_v \operatorname{tg}\varphi + {}^{1}/_{2} h_w (\operatorname{ctg}\beta + \operatorname{tg}\varphi)}{\operatorname{tg}\varphi + \operatorname{tg}\varrho}.$$

In dem besonderen Fall, wo $\operatorname{ctg}\beta = \operatorname{tg}\varphi$ gilt, ist $q = \frac{\gamma}{2} \frac{h_v + h_w}{1 + \operatorname{tg}\beta \operatorname{tg}\varrho}$ mit dem natürlichen Reibwert $\operatorname{tg}\varrho$.

Ist z. B. $h_v = h_w$ und $\operatorname{tg}\beta = 1$, wofür $\operatorname{tg}\varrho_x = {}^{1}/_{3}$ war, so folgt mit $\operatorname{tg}\varrho = {}^{1}/_{3}$ wieder $q = {}^{3}/_{4}\,\gamma\,h$; wenn aber $\operatorname{tg}\varrho = {}^{1}/_{4}$ ist, so wird $q = {}^{4}/_{5}\,\gamma\,h$.

Bodendruck auf geneigter Fläche, Fig. 25.

Wenn die Neigung der Fläche gegen die Senkrechte $\varphi > 90 - \beta$ ist, so sind nicht nur die Druckkräfte W und V sondern auch noch der Druck U von oben herab nach Maßgabe der Schüttung bestimmt.

Nach Fig. 26 bis 29 bestehen folgende Beziehungen:

$$w = \frac{\gamma\,h_w}{4\sin^2\beta}; \qquad v = \frac{\gamma\,h_v}{4\sin^2\beta}; \qquad u = \frac{\gamma\,h_u}{4\sin^2\beta}.$$
$$f_w = f_q \cos(\varphi - \beta); \qquad f_v = f_q \sin\varphi\,\sin\beta; \qquad f_u = -f_q \cos(\varphi + \beta).$$
$$W = wf_w; \qquad V_1 = V_2 = vf_v; \qquad U = uf_u.$$

$$\frac{Q}{\cos\varrho} \sin(\varphi + \varrho) = (W + V_1 + V_2 + U)\sin\beta,$$

$$\frac{Q}{\cos\varrho} \cos(\varphi + \varrho) = (W - V_1 + V_2 - U)\cos\beta.$$

Hierbei wird die Reibung im allgemeinen nicht voll ausgenutzt, sondern nur auf einen kleineren Betrag $\operatorname{tg}\varrho_x$, als der Reibziffer $\operatorname{tg}\varrho$ entspricht. Man findet den Wert ϱ_x für die wirksame Reibung:

$$\operatorname{tg}\varrho_x = \frac{h_w(1 + \operatorname{tg}\beta\operatorname{tg}\varphi)(\operatorname{tg}\beta - \operatorname{tg}\varphi) + h_u(\operatorname{tg}\beta\operatorname{tg}\varphi - 1)(\operatorname{tg}\beta + \operatorname{tg}\varphi) + 2\,h_v\operatorname{tg}^2\beta\operatorname{tg}\varphi}{h_w(1 + \operatorname{tg}\beta\operatorname{tg}\varphi)^2 + h_u(\operatorname{tg}\beta\operatorname{tg}\varphi - 1)^2 + 2\,h_v\operatorname{tg}^2\beta\operatorname{tg}^2\varphi}$$

und den Wanddruck auf die schräge Bodenfläche

$$q = \gamma\,\frac{h_w(1 + \operatorname{tg}\beta\operatorname{tg}\varphi)^2 + h_u(\operatorname{tg}\beta\operatorname{tg}\varphi - 1)^2 + 2\,h_v\operatorname{tg}^2\beta\operatorname{tg}^2\varphi}{4\operatorname{tg}^2\beta(1 + \operatorname{tg}^2\varphi)}\,.$$

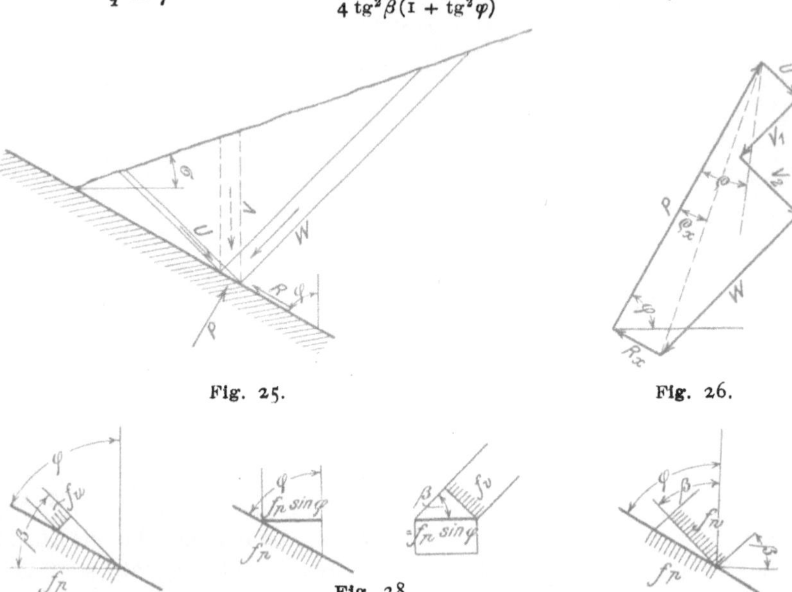

Fig. 25.

Fig. 26.

Fig. 27.

Fig. 28.

Fig. 29.

Unter einer Böschung mit $\operatorname{tg}\sigma$ hat man

$$\operatorname{tg}\varrho_x = \frac{2\operatorname{tg}^2\beta - 1 + (\operatorname{ctg}\varphi - \operatorname{tg}\varphi - \operatorname{tg}\sigma)\operatorname{tg}\sigma}{2\operatorname{tg}^2\beta\operatorname{tg}\varphi + \operatorname{ctg}\varphi + (2 - \operatorname{tg}\varphi\operatorname{tg}\sigma)\operatorname{tg}\sigma}$$

und

$$q = \gamma\,h_v\,\frac{\operatorname{tg}^2\beta + \tfrac{1}{2}(\operatorname{ctg}\varphi - \operatorname{tg}\sigma)\operatorname{tg}\sigma}{(\operatorname{tg}^2\beta - \operatorname{tg}^2\sigma)(1 + \operatorname{ctg}\varphi\operatorname{tg}\varrho_x)}\,.$$

Für den oberen Grenzfall $\varphi = 90 - \beta$ folgt wieder wie vorher

$$\operatorname{tg}\varrho_x = \frac{h_w(\operatorname{tg}\beta - \operatorname{ctg}\beta) + h_v\operatorname{tg}\beta}{2\,h_w + h_v}\,;\quad \text{für } h_w = h_v \text{ ist } \operatorname{tg}\varrho_x = \frac{2\operatorname{tg}^2\beta - 1}{3\operatorname{tg}\beta}\,,$$

$$q = \gamma\,\frac{h_w + \tfrac{1}{2}\,h_v}{1 + \operatorname{tg}^2\beta}\qquad\text{»}\quad h_w = h_v\quad\text{»}\qquad q = \gamma\,h\,\frac{1{,}5}{1 + \operatorname{tg}^2\beta}\,.$$

Für den anderen Grenzfall $\varphi = 90^0$ findet sich

$$\operatorname{tg}\varrho_x = \frac{h_u - h_w}{(h_w + h_u + 2\,h_v)\operatorname{tg}\beta} = \frac{-\operatorname{tg}\sigma}{2\operatorname{tg}^2\beta - \operatorname{tg}^2\sigma}$$

und

$$q = p = \frac{\gamma(h_w + h_u + 2\,h_v)}{4} = \gamma\,h_v\,\frac{\operatorname{tg}^2\beta - \tfrac{1}{2}\operatorname{tg}^2\sigma}{\operatorname{tg}^2\beta - \operatorname{tg}^2\sigma}\,.$$

Unterhalb einer geböschten Schüttung wirkt hiernach die Reibung bei steil fallendem Boden nach aufwärts oder nach außen auf das Gut; dagegen nach innen bei flach geneigtem Boden, wobei $\operatorname{tg}\varrho_x$ negativ ausfällt. Sie wirkt weder nach außen noch nach innen, wenn $\operatorname{tg}\varrho_x = 0$ wird; für $\operatorname{tg}\beta = 1$ trifft das zu, wenn $q = 90 - \sigma$ ist, d. h. wenn der Boden unter gleicher Neigung wie die Schüttung entgegengesetzt liegt.

Immer wenn $h_w = h_u = h_v = h$ oder $\mathrm{tg}\,\sigma = 0$ ist, ergeben die Formeln:

$$\mathrm{tg}\,\varrho_x = \frac{2\,\mathrm{tg}^2\beta - 1}{2\,\mathrm{tg}^2\beta\,\mathrm{tg}\varphi + \mathrm{ctg}\varphi}$$

und

$$\frac{q}{\gamma\,h} = \frac{1}{1 + \mathrm{ctg}\varphi\,\mathrm{tg}\varrho_x} = \frac{\tfrac{1}{2}\,\mathrm{ctg}^2\beta + \mathrm{tg}^2\varphi}{1 + \mathrm{tg}^2\varphi}\,.$$

Läßt man hierbei noch $\mathrm{tg}\,\beta = 1$ gelten, so folgt:

$$\mathrm{tg}\,\varrho_x = \frac{1}{2\,\mathrm{tg}\varphi + \mathrm{ctg}\varphi}$$

und

$$\frac{q}{\gamma\,h} = \frac{\tfrac{1}{2} + \mathrm{tg}^2\varphi}{1 + \mathrm{tg}^2\varphi} = 1 - \tfrac{1}{2}\cos^2\varphi,$$

wonach ein geneigter Boden unter wagerechter Schüttung nur wenig kleineren Flächendruck erfährt als ein wagerechter Boden, bis bei $\varphi = 45^0$ sich $p = {}^3/_4\,\gamma\,h$ ergibt.

Unzulängliche Reibung, Fig. 30.

Hat die Masse eine geringere Reibung $\mathrm{tg}\,\varrho$ auf der Bodenfläche, als der berechnete Wert $\mathrm{tg}\,\varrho_x$ angibt, so ist zur Abstützung eine wagerechte Seitenkraft S anzunehmen, Fig. 30, die außerhalb der Rechnung bleiben kann. Hierbei gilt:

$$\frac{Q}{\cos\varrho}\,\sin(\varphi + \varrho) = (W + V_1 + V_2 + U)\sin\beta$$

neben

$$\frac{Q}{\cos\varrho}\,\cos(\varphi + \varrho) = (S + W - U)\cos\beta\,.$$

Aus der ersten Gleichung allein folgt:

$$q = \gamma\,\frac{h_w\,(1 + \mathrm{tg}\beta\,\mathrm{tg}\varphi) + h_u\,(\mathrm{tg}\beta\,\mathrm{tg}\varphi - 1) + 2\,h_v\,\mathrm{tg}\beta\,\mathrm{tg}\varphi}{4\,\mathrm{tg}\beta\,(\mathrm{tg}\varphi + \mathrm{tg}\varrho)}\,.$$

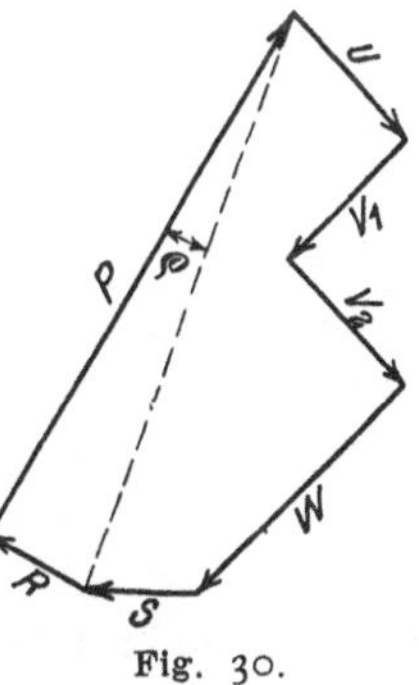

Fig. 30.

Wanddrücke in einer eben gefüllten Mulde, Fig. 31.

Unter der Voraussetzung, daß $\beta = 45^0$ sei, $\sigma = 0$, also $h_w = h_v = h$ und $\mathrm{tg}\,\varrho = {}^1/_2$, sollen für die fortlaufenden Neigungswinkel η einer halbzylindrischen Mulde oder einer halbkugelförmigen Schale die Wanddrücke aufgesucht werden. Hierbei ist für die gekennzeichneten Winkelzonen verschieden zu rechnen.

So lange φ gering ist, wirkt u, abhängig von v und w, als schräg gerichteter Druck. Dabei ist nach der zu Fig. 17 gehörigen Formel:

$$\lambda = \frac{u}{w} = \frac{1 + 2\,\mathrm{tg}\varphi - 5\,\mathrm{tg}^2\varphi}{3 - 2\,\mathrm{tg}\varphi - \mathrm{tg}^2\varphi}\,.$$

Das Verhältnis erreicht seinen größten Wert

$$\frac{u}{w} = {}^1/_2 \text{ bei } \mathrm{tg}\varphi = {}^1/_3 \text{ oder } \varphi = 18\,{}^1/_2{}^0\,.$$

Für den Grenzfall $u = 0$ ergibt sich

$$\mathrm{tg}\,\varphi_0 = {}^1/_5\,(1 + \sqrt{6}) = 0{,}69 \text{ und } \varphi = \text{rd. } 35^0\,.$$

Die unter dem Anfangswinkel ε außen angetragene Grenzlinie für die Verlängerung der Druckstrahlen U hört bei 35^0 auf.

Der Wanddruck stellt sich für die Zone zwischen 0^0 und φ_0 nach Fig. 17 auf

$$q = \gamma\, h\, \frac{1 + 2\,\mathrm{tg}\,\varphi}{3 + \mathrm{tg}\,\varphi} = \gamma\, H\, \frac{1 + 2\,\mathrm{tg}\,\varphi}{3 + \mathrm{tg}\,\varphi}\, \sin\varphi\,.$$

Für $\varphi = 18\,{}^1/_2{}^0$ wird $q = {}^1/_2\,\gamma\, h = 0{,}16\,\gamma\, H$ und für $\varphi = 35^0$ $q = 0{,}65\,\gamma\, h = 0{,}37\,\gamma\, H$.

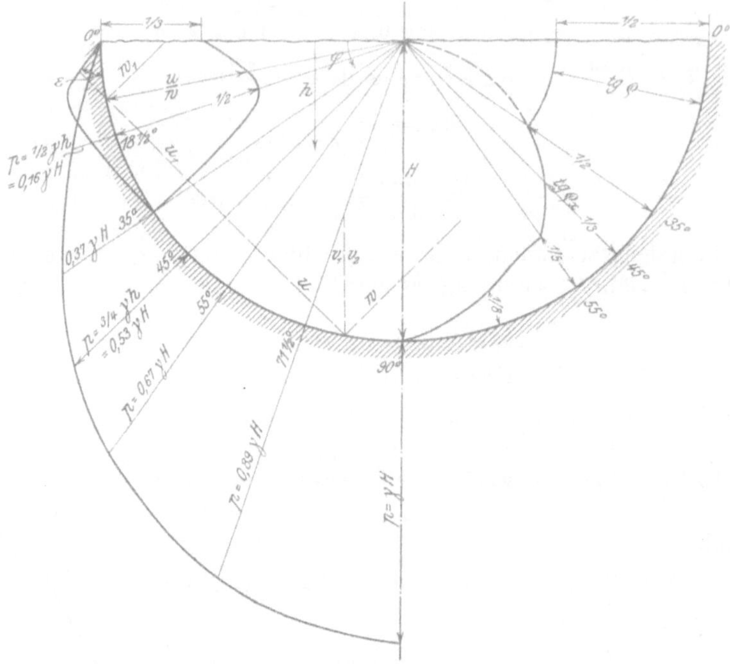

Fig. 31.

Bei mehr als 35^0 stützen sich die Drücke W und V an der Wand ab, ohne einen Druck in der Richtung U zu beanspruchen, und sogar ohne volle Ausnutzung der Reibung. Bis zu $\varphi = 45^0$ kommt auch kein aktiver Druck U schräg abwärts an der Wand zur Wirkung. Ueber 45 bis 55^0 wirkt aber U nach Maßgabe der Länge der Sehne und über 55^0 hinaus bis zu $\varphi = 90^0$ nach der Länge der Sehne und der Rückstrahlung von W_1 im Verhältnis λ. Unter Vorbehalt der entsprechenden Einsetzung von h_u gelten von 35 bis 90^0 die Formeln, wie für den Bodendruck an schräger Fläche, nach Fig. 25, mit $\mathrm{tg}\,\beta = 1$:

$$\mathrm{tg}\,\varrho_x = \frac{h(1 + 2\,\mathrm{tg}\,\iota - \mathrm{tg}^2\varphi) + h_u\,(\mathrm{tg}^2\varphi - 1)}{h(1 + 2\,\mathrm{tg}\,\varphi + 3\,\mathrm{tg}^2\varphi) + h_u\,(\mathrm{tg}\,\varphi - 1)^2}$$

und

$$q = \frac{\gamma}{4}\,\frac{h(1 + 2\,\mathrm{tg}\,\varphi + 3\,\mathrm{tg}^2\varphi) + h_u\,(\mathrm{tg}\,\varphi - 1)^2}{1 + \mathrm{tg}^2\varphi}\,.$$

Z. B. folgt für $\varphi = 45^0$ mit $h_u = 0$ die Beschränkung in der Ausnutzung der Reibung auf $\mathrm{tg}\,\varrho = {}^1/_3$ und der Wanddruck $q = {}^3/_4\,\gamma\, h_w$.

Für $55\,{}^1/_2{}^0$ ist $h = H \sin\varphi = 0{,}825\,H$ und $h_u = H(\sin\varphi - \cos\varphi) = 0{,}26\,H$; dabei wird $\mathrm{tg}\,\varrho = {}^1/_5$ und $q = 0{,}67\,\gamma\, H$.

Bei $\varphi = 71\,{}^1/_2{}^0$ stellt sich h auf $0{,}95\,H$ und $h_u = H(\sin\varphi - \cos\varphi) + \lambda H \cos\varphi = 0{,}79\,H$ für $\lambda = {}^1/_2$; daher $\mathrm{tg}\,\varrho = {}^1/_8$ und $q = 0{,}89\,\gamma\, H$.

Im Scheitelpunkt mit $\varphi = 90^0$ ist $\mathrm{tg}\,\varrho = 0$ und $q = \gamma\, H$.

Schräg gefüllter Kasten, Fig. 32.

In einem Kasten mit senkrechten Seitenwänden von großer Länge liege die Füllung von einer zur anderen Längswand geneigt. In dem Beispiel Fig. 32 beträgt die Breite des Bodens 2,4 m, die Schütthöhe h_1 an der Seitenwand links 0,2 m, rechts $h_2 = 1,8$ m. Mit $\gamma = 1000$ kommt auf 1 m Länge das Gewicht

$$G = \tfrac{1}{2}(0,2 + 1,8) \cdot 2,4 \cdot 1000 = 2400 \text{ kg}; \text{ der Schwerpunkt liegt um } \frac{1,8 + 2 \cdot 0,2}{1,8 + 0,2} \cdot \frac{2,4}{3}$$

$= 0,88$ m von der rechten Wand entfernt. Die Wand- und Bodendrücke, berechnet für $\operatorname{tg} \varrho = \tfrac{1}{2}$ und $\operatorname{tg} \sigma = \tfrac{2}{3}$, ergeben sich nach den früheren Aufstellungen und sollen der Füllung Gleichgewicht halten.

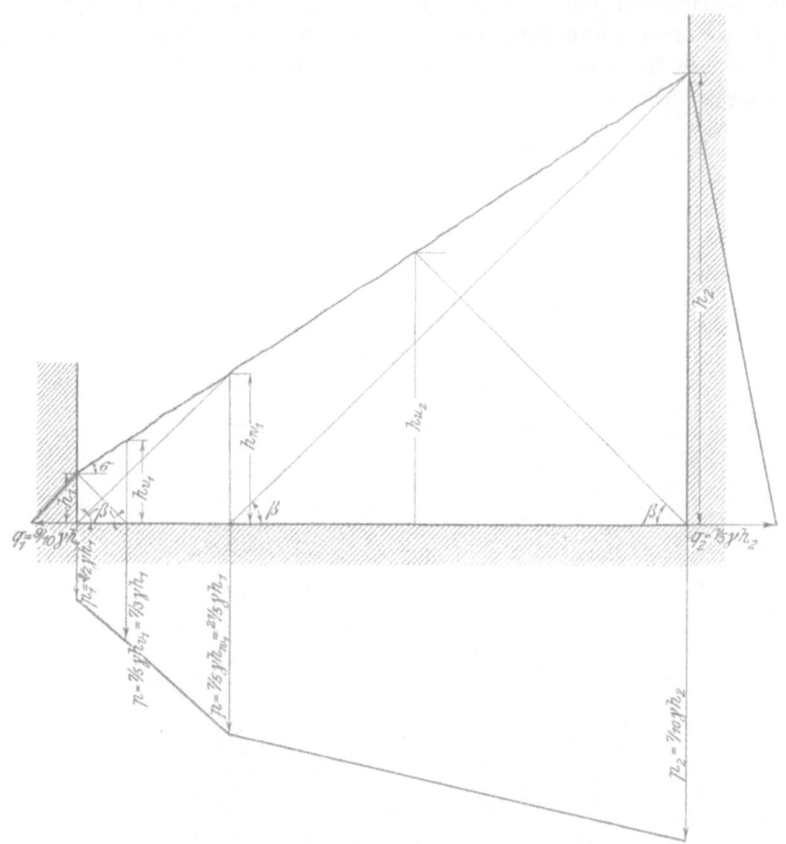

Fig. 32. Schräge Schüttung zwischen zwei Wänden; $\operatorname{tg} \beta = 1$, $\operatorname{tg} \sigma = \tfrac{2}{3}$, $\operatorname{tg} \varrho = \tfrac{1}{2}$.

In wagerechter Richtung gleichen sich die Wanddrücke von 18 und 324 kg durch die Bodenreibung aus.

In senkrechter Richtung wirken die Wandreibungen von 9 und 162 kg mit den Bodendrücken, die sich nach dem Flächeninhalt der einzelnen Trapeze bestimmen, nämlich 76,7, 261,3 und 1891 kg, mit der Gesamtsumme 2400 gleich dem Gewicht.

Das Moment, aufgestellt für den rechten unteren Eckpunkt des Kastens, berechnet sich folgendermaßen:

für die linke Wandreibung . . . . 9 ·2,400 = 21,6 mkg
» das linke   Trapez des Bodendruckes . . . 76,7·2,293 = 176,0 »
» » mittlere   »   »   »   . . . 261,3·1,981 = 519,2 »
» » rechte   »   »   »   . . . 1891 ·0,840 = 1588,4 »
» die rechte Wandreibung . . . . 162 ·0 = 0 »
zusammen (2400 kg)   2304,2 mkg

» den linken Wanddruck . . . . 18 ·0,067 = 1,2 »
» » rechten   »   . . . . — 324 ·0,600 = —194,4 »
im ganzen   2112,0 mkg

gleich dem Moment der Füllung . . . . 2400 ·0,88 = 2112,0 »

Eben gefüllter Würfel, Fig. 33.

Der Würfel von der Seitenlänge s mit der Höhe $h = s$ erfährt einen bis $\frac{1}{3}\gamma h = \frac{6}{18}\gamma s$ nach unten anwachsenden Wanddruck und einen gleichbleibenden Bodendruck von $\frac{2}{3}\gamma h = \frac{12}{18}\gamma s$, wenn wieder $\operatorname{tg}\beta = 1$ und $\operatorname{tg}\varrho = \frac{1}{2}$ und dazu $\lambda = \frac{1}{3}$ eingesetzt wird.

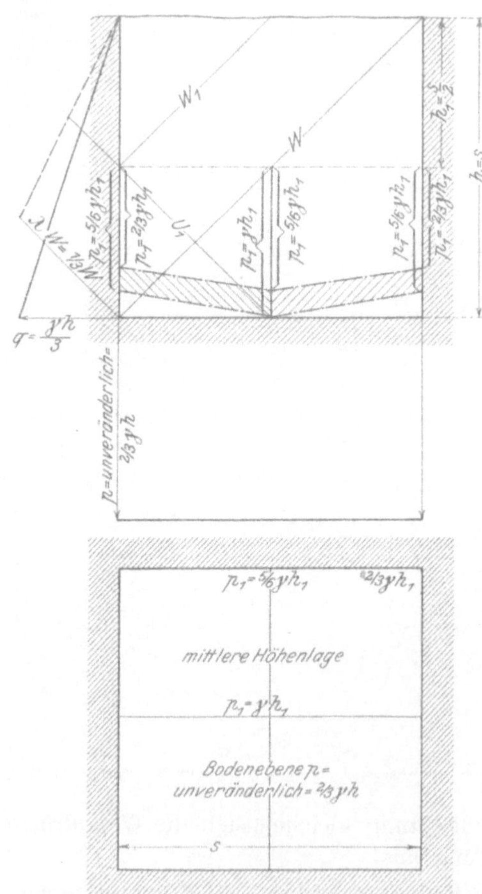

Fig. 33.

In halber Höhe $h_1 = \frac{1}{2}s$ fällt aber der Bodendruck ungleich aus: im Mittelpunkt $p_1 = \gamma h_1 = \frac{9}{18}\gamma s$ und in den Ecken $p_1 = \frac{2}{3}\gamma h_1 = \frac{6}{18}\gamma s$ und in den Mitten der Seiten $p_1 = \frac{5}{6}\gamma h_1\,\frac{7,5}{18}\gamma s$. Danach bilden die unter der Mittelebene aufgetragenen Werte mit ihren Enden eine über Eck liegende Pyramidenfläche mit dem Mittelwert $^5/_6\,\gamma\,h_1 = \dfrac{7{,}5}{18}\,\gamma\,s$.

Wenn zwei Würfel gefüllt übereinander stehen (ohne Zwischenboden), so wiederholt sich für den unteren Würfel das Rechnungsergebnis, daß der Bodendruck unten unveränderlich ist, und zwar $= {}^{16}/_{18}\,\gamma s$, aber in der mittleren Höhe des unteren Würfels veränderlich ausfällt, $^{15}/_{18}\,\gamma s$ in der Mitte und $^{14}/_{18}\,\gamma s$ in den Ecken.

In Wirklichkeit, wobei sich die Druckstrahlen nicht so streng geradlinig fortsetzen, wird wohl in allen Höhenlagen der Bodendruck im Mittelpunkt größer als in den Ecken bleiben.

Quadratischer Schacht.

Mehrere übereinander stehende Würfel bilden einen quadratischen Schacht als Silozelle mit der üblichen Einteilung in »Felder«, je von der Höhe gleich der Weite. Für den Sonderfall $\mathrm{tg}\,\beta = 1$ paßt diese Einteilung für die Rechnung nach der hier aufgestellten Theorie. Wenn aber $\mathrm{tg}\,\beta > 1$ ist, wird man besser die Feldereinteilung so wählen, daß die Höhe eines Feldes $h = s\,\mathrm{tg}\,\beta$ wird.

Zahlenwerte für Silozellen, Fig. 34 bis 37.

Die von Pleißner (Z. d. V. d. I. 1906 S. 976) gemessenen Zahlenwerte für verschiedene Silozellen sind in Fig. 34 bis 37 aufgetragen. Man ersieht aus Fig. 34 und 35 den Verlauf von Wand- und Bodendruck für Füllung mit

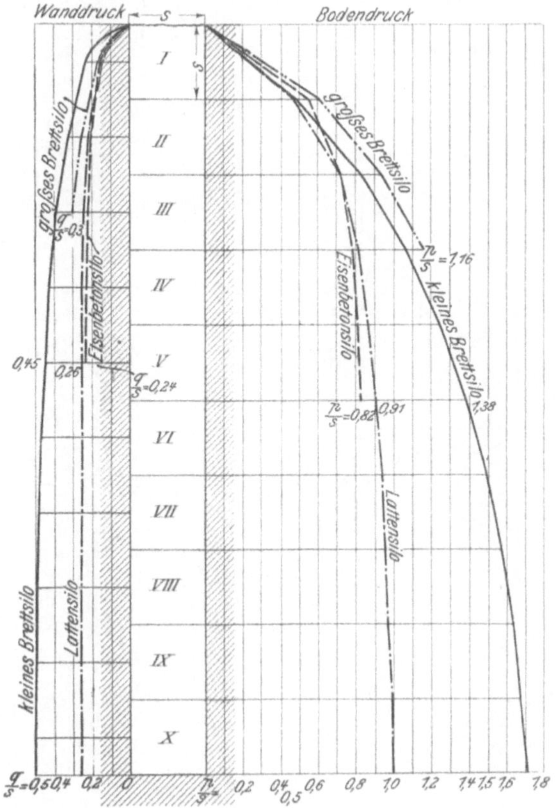

Fig. 34. Roggen.

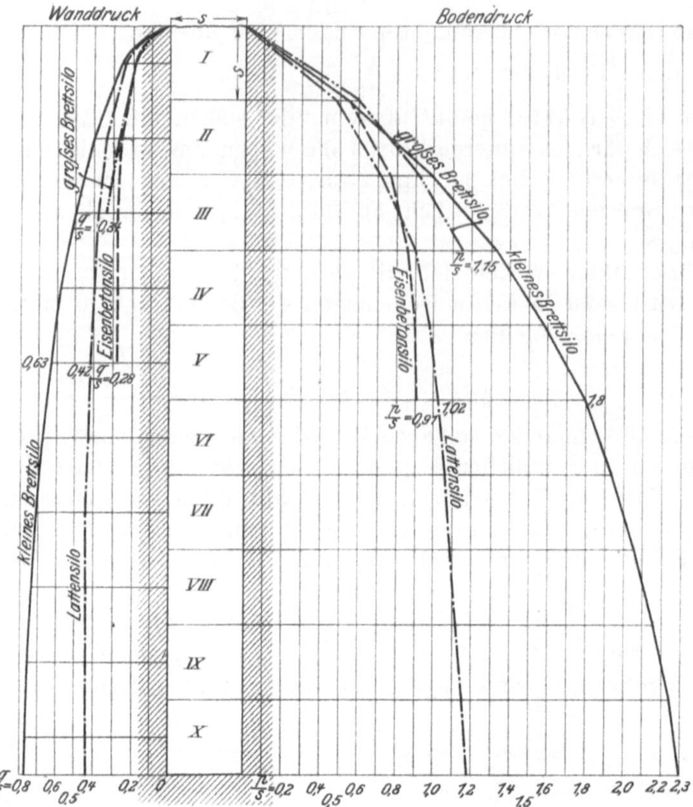

Fig. 35. Weizen.

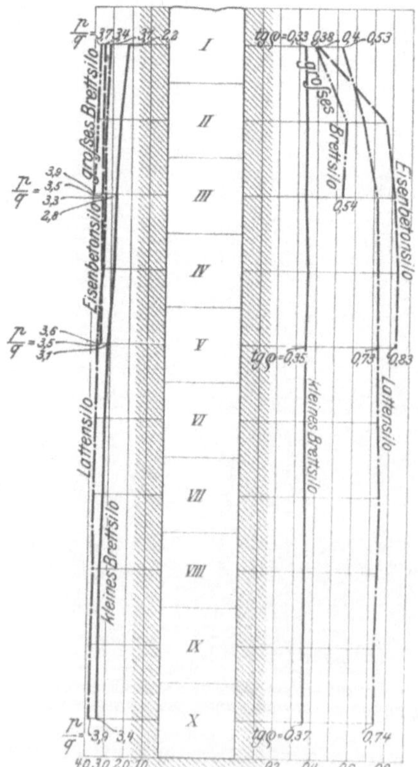

Fig. 36. Roggen.

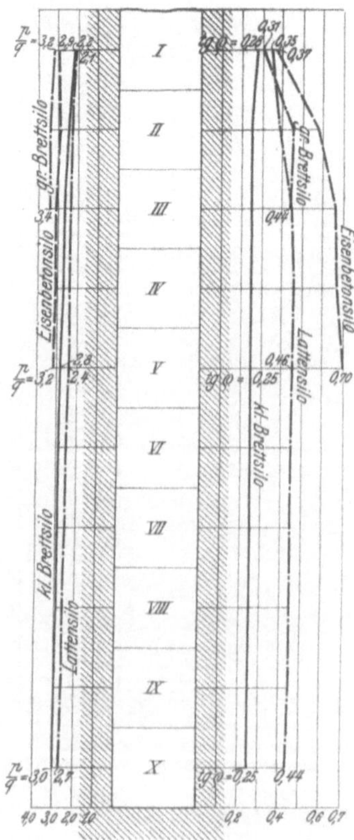

Fig. 37. Weizen.

Roggen und Weizen, und aus Fig. 36 und 37 die danach berechneten Verhältnisse $p:q$ und tg ϱ. Die Ergebnisse gelten als praktische Grundlage. Nur in
einem Punkte mögen die Aufzeichnungen von der Wirklichkeit etwas abweichen,
nämlich für das oberste Feld einen zu reichlichen Wanddruck anzeigen, weil
die Messungen immer nur am untersten Felde bei feldweise erhöhter Füllung
des Schachtes vorgenommen worden sind, wobei die Dichte der Füllung in der
Tiefe des untersten Feldes größer und der Wanddruck stärker ist, als wenn das
Getreide oben auf mit geringer Fallhöhe eingeschüttet worden wäre. Im freien
Fall durch den Luftraum werden sich die Körner mit ihrer Längsachse in die
Bewegungsrichtung einstellen, darum auch im untersten Felde mehr senkrecht
stehen als im obersten, und bei aufrechter Lage sich ineinanderkeilen, daher
verhältnismäßig stärker nach den Seiten drücken, als wenn sie flach liegen. So
erklärt sich der ziemlich hohe Seitendruck, der bei alleiniger Füllung des
untersten Feldes gemessen und am obersten Feld eingetragen ist. Weiter folgt
aus dieser Auffassung, daß das Verhältnis des Bodendruckes p zum Wanddruck
q kleiner ausfallen wird, wenn die einzelnen Körner in aufrechter Lage ein-
fallen, wie hier für die unteren Felder gilt, aber für die oberen Felder eingetragen ist. Deshalb wird es zutreffender sein, für $\frac{p}{q}$ einen von der Höhe un-
abhängigen Wert an Stelle der veränderlichen Werte durchweg gelten zu lassen.
Infolgedessen wird sich auch die Reibziffer tg ϱ oder μ des Getreides an der
Wandfläche nicht nach unten wachsend, sondern einheitlich berechnen.

Das Verhältnis $p:q$ kann hiernach im Mittel gesetzt werden:

$$2,2 \text{ bis } 3,4 = 2,88 \text{ mit } \operatorname{tg} \beta = \sqrt{1/2 \frac{p}{q}} = 1,2 \text{ für Weizen,}$$
$$2,2 \text{ » } 3,9 = 3,38 \text{ » } \operatorname{tg} \beta = \text{ » } = 1,3 \text{ » Roggen,}$$
$$\text{oder } p:q = 3,125 \text{ » } \operatorname{tg} \beta = \text{ » } = 1,25 \text{ als Mittelwert.}$$

Wanddruck in einer quadratischen Silozelle, Fig. 38.

Nach der Theorie wächst der Wanddruck vom oberen Rande gleichmäßig
bis zur Tiefe $h = s \operatorname{tg} \beta$ von o bis $q_1 = \dfrac{\gamma s}{2 (\operatorname{tg} \beta + \operatorname{tg} \varrho)}$.

Im zweiten Felde wächst q gleichmäßig weiter, indem ein von der Oberfläche ausgehender Druckstrahl einmal an der gegenüberliegenden Wand reflektiert wird und dann noch um die Feldhöhe h niedergeht; am Grunde des
zweiten Feldes wird danach q_2 für $h + \lambda h$ zu berechnen sein, so daß
$q_2 = q_1 (1 + \lambda)$ ist.

Im dritten Felde mit zweimaliger Reflexion findet sich am Grunde
$q_3 = q_1 (1 + \lambda + \lambda^2)$.

Weiterhin besteht am Grunde des n. Feldes der Wanddruck
$$q_n = q_1 (1 + \lambda + \lambda^2 + \ldots \lambda^{n-1}).$$

Die Summe dieser geometrischen Reihe beträgt
$$q_n = q_1 \frac{1 - \lambda^n}{1 - \lambda}.$$

Tief unten für $n = \infty$ wird $q_u = q_1 \dfrac{1}{1 - \lambda} = \dfrac{\gamma s}{4 \operatorname{tg} \varrho}$.

Diesem Grenzwert kommt der Wanddruck etwa vom 5. Felde an sehr
nahe und berechnet sich hiernach zu $q_n = q_u (1 - \lambda^n) = \dfrac{\gamma s}{4 \operatorname{tg} \varrho} (1 - \lambda^n)$ mit $n = \dfrac{H}{s \operatorname{tg} \beta}$.

Für $\operatorname{tg}\beta = {}^5/_4$ und $\operatorname{tg}\varrho =$ $\qquad {}^1/_4 \qquad {}^1/_2 \qquad {}^3/_4$

wird $\qquad \lambda = \dfrac{\operatorname{tg}\beta - \operatorname{tg}\varrho}{\operatorname{tg}\beta + \operatorname{tg}\varrho} = {}^2/_3 \qquad {}^3/_7 \qquad {}^1/_4$

und $\qquad q_1 : \gamma s = \qquad {}^1/_3 \qquad \dfrac{1}{3,5} \qquad {}^1/_4$

$\qquad q_u : \gamma s = \qquad 1 \qquad {}^1/_2 \qquad {}^1/_3$

$\qquad q_u : q_1 = \qquad 3 \qquad {}^7/_4 \qquad {}^4/_3,$

z. B. für $\gamma = 0{,}8$ und $s = 3$ m, $q_u = \qquad 2{,}4 \qquad 1{,}2 \qquad 0{,}8$ t/qm.

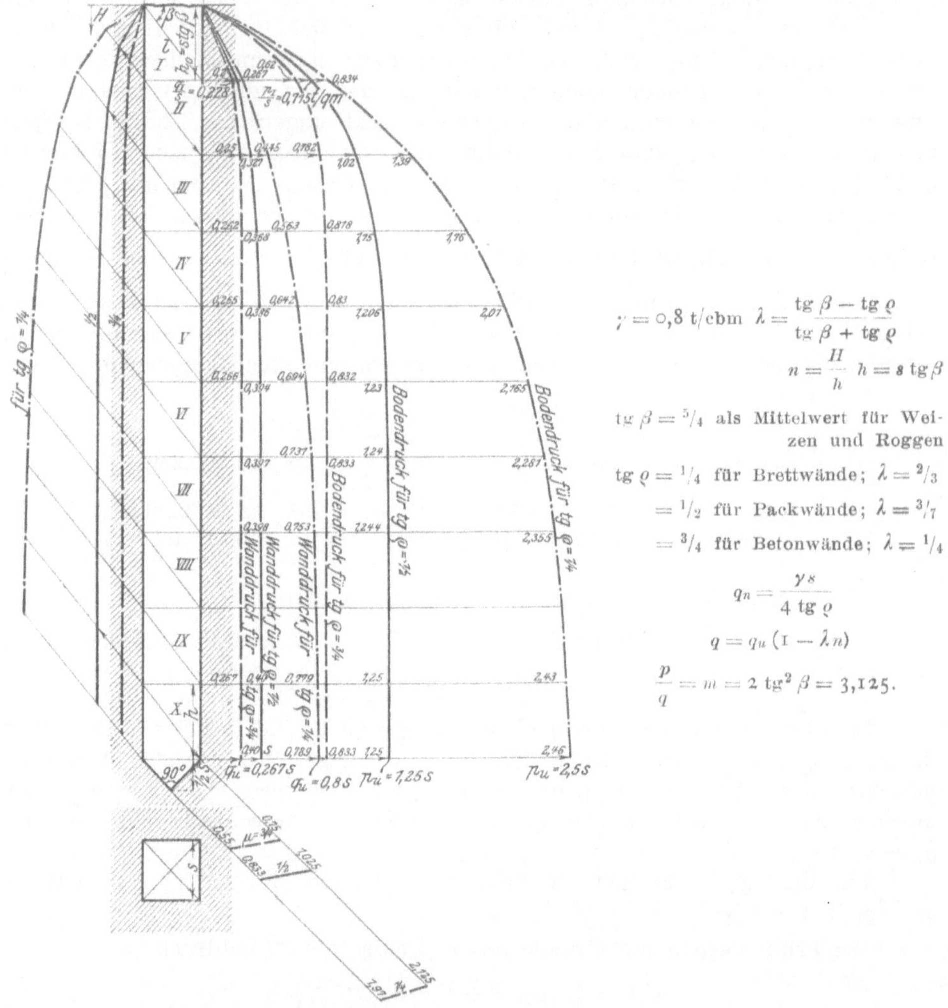

$$\gamma = 0{,}8 \ \text{t/cbm} \qquad \lambda = \frac{\operatorname{tg}\beta - \operatorname{tg}\varrho}{\operatorname{tg}\beta + \operatorname{tg}\varrho}$$

$$n = \frac{H}{h} \qquad h = s\,\operatorname{tg}\beta$$

$\operatorname{tg}\beta = {}^5/_4$ als Mittelwert für Weizen und Roggen

$\operatorname{tg}\varrho = {}^1/_4$ für Brettwände; $\lambda = {}^2/_3$

$\qquad = {}^1/_2$ für Packwände; $\lambda = {}^3/_7$

$\qquad = {}^3/_4$ für Betonwände; $\lambda = {}^1/_4$

$$q_n = \frac{\gamma s}{4\,\operatorname{tg}\varrho}$$

$$q = q_u\,(1 - \lambda n)$$

$$\frac{p}{q} = m = 2\,\operatorname{tg}^2\beta = 3{,}125.$$

Fig. 38. Silodruck.

Innerhalb eines einzelnen Feldes wächst der Wanddruck gleichmäßig mit der Tiefe x im Felde, so daß $q_x = q_{n-1} + \dfrac{x}{h}\,(q_n - q_{n-1})$ ist.

Der durchschnittliche Wanddruck für n Felder läßt sich ausdrücken durch $q_m = q_u - \dfrac{q_n\,\operatorname{tg}\beta}{2\,n\,\operatorname{tg}\varrho}$.

Zur Ableitung der Formel setzt man an:

$$q_m = \frac{1}{n}\left(\frac{q_0}{2} + q_1 + q_2 + \ldots q_{n-1} + \frac{q_n}{2}\right), \text{ wobei } q_0 = 0 \text{ ist;}$$

$$= \frac{1}{n}(q_1 + q_2 + \ldots q_{n-1}) + \frac{q_n}{2n}; \text{ mit } q_n = q_u(1 - \lambda^n) \text{ folgt}$$

$$= \frac{1}{n}\, q_u(1 - \lambda + 1 - \lambda^2 + \ldots 1 - \lambda^{n-1}) + \frac{q_n}{2n} \text{ mit } (n-1) \text{ mal } 1;$$

$$= \frac{1}{n}\, q_u(n - [1 + \lambda + \lambda^2 + \ldots \lambda^{n-1}]) + \frac{q_n}{2n}, \text{ mit geom. Reihe;}$$

$$= \frac{1}{n}\, q_u\left(n - \frac{1 - \lambda^n}{1 - \lambda}\right) + \frac{q_n}{2n}, \text{ worin } q_u(1 - \lambda^n) = q_n \text{ ist;}$$

$$= q_u - \frac{q_n}{n}\left(\frac{1}{1 - \lambda} - \frac{1}{2}\right) = q_u - \frac{q_n}{n}\,\frac{1 - \lambda}{2(1 - \lambda)} \text{ mit } \frac{1 + \lambda}{1 - \lambda} = \frac{\operatorname{tg}\beta}{\operatorname{tg}\varrho}.$$

Der Gesamtdruck auf eine Wandfläche von der Breite s und Höhe $H = nh = ns\operatorname{tg}\beta$ beträgt:

$$Q_1 = q_m s H = q_m n s^2 \operatorname{tg}\beta = \left(\frac{q_m}{s}\right) n \operatorname{tg}\beta\, s^3.$$

Die Reibung an den vier Wandflächen trägt:

$$Q_r = 4 Q_1 \operatorname{tg}\varrho = \left(\frac{q_m}{s}\right) 4 n \operatorname{tg}\beta \operatorname{tg}\varrho\, s^3.$$

Das Gewicht der Füllung im Schacht ist $G_s = s^2 H\gamma = n\gamma \operatorname{tg}\beta\, s^3$.

Z. B. hat man für $n = 10$ Felder bei $\gamma = 0{,}8$ und $\operatorname{tg}\beta = 1{,}25$:

	$\operatorname{tg}\varrho =$	$\frac{1}{4}$	$\frac{1}{2}$	$\frac{3}{4}$
den durchschnittlichen Wanddruck	$q_m =$	$0{,}603$	$0{,}35$	$0{,}244\,s$
gegenüber dem unteren Enddruck	$q_u =$	$0{,}8$	$0{,}4$	$0{,}267\,s$
den Gesamtdruck auf 1 Wand	$Q_1 =$	$7{,}54$	$4{,}375$	$3{,}06\,s^3$
die Reibung an den Wänden	$Q_r =$	$7{,}54$	$8{,}75$	$9{,}167\,s^3$
und das Gewicht der Füllung	$G_s =$	10	10	$10\,s^3$
danach verbleibt der Bodendruck $\frac{G - Q_r}{s^2} =$	$p_{10} =$	$2{,}46$	$1{,}25$	$0{,}833\,s$

Der Trichter unterhalb des Schachtes, angenommen als Pyramide von 45^0 Neigung mit der Höhe $\frac{s}{2}$, enthält $G_t = \frac{1}{3}s^2\,\frac{s}{2}\,\gamma = 0{,}133\,s^3$ an Gewicht. Er ist im ganzen belastet mit $p_{10}s^2 + G_t$, das ist für die drei Fälle:

$$2{,}593 \qquad 1{,}383 \qquad 0{,}966\,s^3.$$

Bodendruck in einer quadratischen Silozelle, Fig. 38.

Als »Bodendruck« ist hier der durchschnittliche Flächendruck auf irgend eine wagerechte Ebene innerhalb der Zelle verstanden.

Er läßt sich als Mittelwert berechnen, indem man einen Punkt in der Mitte einer Seitenwand in Betracht zieht, wie sich bei der Berechnung im Würfel gezeigt hat. In der Formel

$$p = \frac{\gamma}{4}(h_w + 2 h_v + h_u)$$

hat man h_w aus der Zeichnung abzumessen oder aus dem Wanddruck zu berechnen gemäß

$$h_w = q\,\frac{2\operatorname{tg}\beta(\operatorname{tg}\beta + \operatorname{tg}\varrho)}{\gamma}.$$

Ferner gibt $h_u = \lambda h_w$ nahe an der Wand.

Weiter läßt sich h_v abmessen, indem man von der Mittellinie der Zelle aus den Druckstrahl bis zu der Linie der außen angetragenen Böschungsgrenze zieht und die senkrechte Komponente entnimmt.

Durch Einsetzen der Werte findet man p.

In großer Tiefe, wo die Böschungsgrenze senkrecht verläuft, hat man $h_v = h_w - {}^1/_2\, h_1$ bei der Feldhöhe $h_1 = h_w(1 - \lambda)$, also $2\,h_v = h_w(1 + \lambda)$. Hierbei findet sich

$$p_u = \frac{\gamma}{2}\, h_w(1 + \lambda) = \frac{\gamma}{2}\, h_1 \frac{1 + \lambda}{1 - \lambda} = \frac{\gamma}{2}\, h_1 \frac{\operatorname{tg}\beta}{\operatorname{tg}\varrho} = \frac{\gamma}{2} \frac{\operatorname{tg}^2\beta}{\operatorname{tg}\varrho}\, s.$$

Anderseits kann man den Bodendruck aus der Bedingung berechnen, daß er das Gewicht der überlagernden Masse abzüglich der Wandreibung tragen muß, wobei der Mittelwert (q) des Wanddrucks einzuführen ist:

$$p = \frac{1}{s^2}\left[\gamma H s^2 - \mu\, 4\, s\, H(q)\right]$$

$$= \gamma H - \mu\, 4\, \frac{H}{s}\, (q).$$

In den einzelnen Feldgrenzen hat man stets

$$p_n = q_n\, 2\operatorname{tg}^2\beta = q_u\, 2\operatorname{tg}^2\beta\,(1 - \lambda^n).$$

Will man den Bodendruck, entsprechend den Knickpunkten in der Linie des Wanddruckes von Feld zu Feld oder innerhalb eines Feldes berechnen für die Tiefe x unterhalb einer Feldgrenze, wo der Druck p_{n-1} bekannt ist, so gilt die Beziehung

$$p = p_{n-1} + \gamma x - \mu\, 4\, \frac{x}{s}\, \frac{q_{n-1} + q_x}{2}.$$

Setzt man allgemein $q_{n-1} = q_u\,(1 - \lambda^{n-1})$ und $q_u = \frac{\gamma s}{4\,\mu}$ nach den vorigen Entwicklungen ein, mit $s = \frac{h}{\operatorname{tg}\beta}$, so folgt: $p = p_{n-1} + \gamma x \lambda^{n-1}\left[1 - \frac{1 - \lambda}{2}\, \frac{x}{h}\right]$.

Der Verlauf der Bodendruckkurve setzt sich hiernach aus einzelnen Parabelsegmenten zusammen, die übrigens aneinander ohne Knick anschließen.

Im ganzen hat man

$$\frac{p}{q_u} = 2\operatorname{tg}^2\beta\left[1 - \lambda^{n-1}\left(1 - \frac{\mu}{\operatorname{tg}\beta}\, \frac{x}{h}\left[2 - (1 - \lambda)\frac{x}{h}\right]\right)\right]$$

oder mit $\frac{\mu}{\operatorname{tg}\beta} = \frac{1 - \lambda}{1 + \lambda}$:

$$\frac{p}{q_u} = 2\operatorname{tg}^2\beta\left[1 - \frac{\lambda^{n-1}}{1 + \lambda}\left(\lambda + \left[1 - (1 - \lambda)\frac{x}{h}\right]^2\right)\right]$$

neben $\frac{q}{q_u} = 1 - \lambda^{n-1}\left[1 - (1 - \lambda)\frac{x}{h}\right]$.

Für $\frac{x}{h} = {}^1/_2$ wird $\frac{p}{q}$ etwas größer als $2\operatorname{tg}^2\beta$, und zwar

$$\frac{p}{q} = 2\operatorname{tg}^2\beta\, \frac{1 - \lambda^{n-1}\left(\dfrac{1 + \lambda}{4} + \dfrac{\lambda}{1 + \lambda}\right)}{1 - \lambda^{n-1}\left(\dfrac{1 + \lambda}{2}\right)}.$$

Innerhalb des 1. Feldes berechnet sich $p_x = \gamma x\left(1 - \frac{x}{h_1}\, \frac{\operatorname{tg}\varrho}{\operatorname{tg}\beta + \operatorname{tg}\varrho}\right)$.

Mitten im 1. Felde ist insbesondere $\frac{p}{q} = 2\operatorname{tg}^2\beta\, \frac{3 + \lambda}{2\,(1 + \lambda)}$, nämlich für $\lambda = {}^2/_3 - {}^3/_7 - {}^1/_4$ bezw. $\frac{p}{q} = 2{,}2\operatorname{tg}^2\beta - 2{,}4\operatorname{tg}^2\beta - 2{,}6\operatorname{tg}^2\beta$ und bei $\operatorname{tg}\beta = 1{,}25$, endlich $3{,}44 - 3{,}75 - 4{,}06$.

Mitten in den untersten Feldern, berechnet für $n = \infty$, bleibt $\dfrac{p}{q} = 2\,\mathrm{tg}^2\beta$.

Näherungsweise läßt sich die Bodendruckkurve als kontinuierliche Kurve ansehen, indem man an Stelle von n den Wert $\dfrac{H}{h}$ einsetzt und ihn nicht nur für ganze Zahlen, sondern auch für Bruchwerte gelten läßt:

$$p = 2\,\mathrm{tg}^2\beta\, q_u \left(1 - \lambda^{\frac{H}{h}}\right).$$

Wollte man im Anschluß hieran auch für den Wanddruck q einen kontinuierlichen Verlauf ableiten, indem man ihn im Verhältnis $1 : 2\,\mathrm{tg}^2\beta$ kleiner als p gelten läßt, wobei er an den Feldgrenzen passend, sonst aber etwas zu groß ausfällt, so käme man auf eine Formel

$$q = q_u \left(1 - \lambda^{\frac{H}{s}\,\mathrm{ctg}\,\beta}\right),$$

die dem Janßenschen Ausdruck

$$q = q_u \left(1 - {}^{-\frac{4\mu}{p/q}\frac{H}{s}}\right)$$

ähnelt und ihm gleicht, wenn man

$$\left(\frac{1}{e}\right)^{\frac{4\mu}{2\,\mathrm{tg}^2\beta}} = \lambda\,\mathrm{ctg}\,\beta$$

setzt oder an Stelle des konstanten Wertes $\dfrac{1}{e} = 0{,}368$ den nach den jeweiligen Umständen zu bemessenden Wert $\lambda^{\frac{\mathrm{tg}\,\beta}{2\mu}}$ setzt; das ist für $\mathrm{tg}\,\beta = 1{,}25$ und $\mu = {}^1/_4 - {}^1/_2 - {}^3/_4$ rd. $0{,}36 - 0{,}35 - 0{,}33$.

Zahlenmäßig stehen die Ergebnisse in naher Uebereinstimmung.

Der Druck im Trichterboden, Fig. 38.

Die Silozelle möge unten einen pyramidenförmigen Trichter mit $\varphi = 45^0$ Neigung der Seitenwände haben. Der Wanddruck ist hierfür unterschiedlich zu berechnen je nach den Verhältnissen von $h_w : h_v : h_u$ und der jeweils nutzbaren Reibung auf der schrägen Bodenfläche.

In der Achse der Silozelle, also in der untersten Trichterspitze, ist gleichmäßig $h_w = h_v = h_u = h$, bestimmt durch $\gamma h = p$, wobei für p der Bodendruck nach der vorigen Berechnung gilt, und zwar unter Fortsetzung der Bodendruckkurve bis zur Tiefe der Trichterspitze. In den Zahlenwerten ändert sich hierbei nichts gegenüber den Werten p_{10} am Grunde des 10. Feldes. Die nutzbare Reibung findet sich aus der Formel für $\mathrm{tg}\,\varrho_x$ nach Fig. 25 für $h_w = h_v = h_u$ zu

$$\mathrm{tg}\,\varrho_x = \frac{2\,\mathrm{tg}^2\beta - 1}{2\,\mathrm{tg}^2\beta\,\mathrm{tg}\,\varphi + \mathrm{ctg}\,\varphi} \quad \text{und für } \mathrm{tg}\,\varphi = 1 \text{ zu } \mathrm{tg}\,\varrho_x = \frac{2\,\mathrm{tg}^2\beta - 1}{2\,\mathrm{tg}^2\beta + 1}.$$

Mit $\mathrm{tg}\,\beta = 1{,}25$ wird $\mathrm{tg}\,\varrho_x = 0{,}515$ als höchste Grenze für die Reibung.

In den Fällen $\mu = {}^1/_4$ und ${}^1/_2$ kann nur diese kleinere Reibung wirksam sein, wofür nach Fig. 30 zu rechnen ist:

$$q = \gamma h\, \frac{\mathrm{tg}\,\varphi}{\mathrm{tg}\,\varphi + \mathrm{tg}\,\varrho} = \gamma h\, \frac{1}{1 + \mu} = {}^4/_5\, p_{10} \text{ bezw. } = {}^2/_3\, p_{10}.$$

In dem Fall $\mathrm{tg}\,\varrho = {}^3/_4$ wird aber nicht die volle Reibung ausgenutzt. Dabei ist der Wanddruck q nach der zu Fig. 25 gehörigen Formel für $h_w = h_v = h_u = h$ und $\mathrm{tg}\,\varphi = 1$ zu ermitteln als

$$q = \gamma h\, \frac{{}^1/_2\,\mathrm{ctg}^2\beta + \mathrm{tg}^2\varphi}{1 + \mathrm{tg}^2\varphi} = 0{,}66\,\gamma h = 0{,}66\, p_{10}.$$

In der Trichterspitze herrscht also bei $\mu = {}^1/_4$ ${}^1/_2$ ${}^3/_4$

$$\text{für } p_{10} = 2{,}46 \qquad 1{,}25 \qquad 0{,}833\,s$$
$$\text{der Wanddruck } q = 1{,}97 \qquad 0{,}833 \qquad 0{,}55\,s$$

Nahe an der Seitenwand ist $h_u = \lambda\,h_w$ anzusetzen und $2\,h_v = (1 + \lambda)\,h_w$, weil hier die Böschungsgrenze schon senkrecht verläuft. Die mittlere Druckhöhe ist $h = {}^1/_4\,(h_w + h_u + 2\,h_v) = {}^1/_2\,(1 + \lambda)\,h_w$ und $p = \gamma h$. Daneben ist zu benutzen $\dfrac{1 + \lambda}{1 - \lambda} = \dfrac{\operatorname{tg}\beta}{\operatorname{tg}\varrho}$. Für diese Verhältnisse berechnet sich der Höchstwert der Reibung (nach der allgemeinen Förmel zu Fig. 25) für $\operatorname{tg}\varphi = 1$ und $\operatorname{tg}\beta = 1{,}25$ zu

$$\operatorname{tg}\varrho_x = \frac{2\operatorname{tg}^2\beta - 1}{2\operatorname{tg}^2\beta + 1 + 2\operatorname{tg}\varrho} = \frac{2{,}125}{4{,}125 + 2\,\mu} = 0{,}46 \qquad 0{,}415 \qquad 0{,}378$$
$$\text{für } \mu = {}^1/_4 \qquad {}^1/_2 \qquad {}^3/_4.$$

Im ersten der drei Fälle bleibt die kleinere Reibung ${}^1/_4$, und nach der zu Fig. 30 gehörigen Formel gilt hierbei mit $\operatorname{tg}\varphi = 1$ der Wanddruck

$$q = \frac{2\operatorname{tg}^2\beta + \operatorname{tg}\varrho}{2\operatorname{tg}^2\beta\,(1 + \operatorname{tg}\varrho)}\,p = 0{,}864\,p \text{ und mit } p = 2{,}46\,s$$
$$q = 2{,}125\,s \text{ für } \mu = {}^1/_4.$$

In den beiden anderen Fällen ist (nach der Formel für Fig. 25) zu rechnen:

$$q = \frac{2\operatorname{tg}^2\beta + 1 + 2\operatorname{tg}\varrho}{4\operatorname{tg}^2\beta}\,p = \frac{4{,}125 + 2\,\mu}{6{,}250}\,p,$$
$$\text{und zwar für } \mu = {}^1/_2 \qquad {}^3/_4$$
$$q = 0{,}82 \qquad 0{,}90\,p$$
$$\text{mit } p = 1{,}25 \qquad 0{,}833\,s$$
$$q = 1{,}025 \qquad 0{,}75\,s$$

Verschiedene Schachtquerschnitte.

In einem **rechteckigen** Schacht mit den Seiten a und b würden die Druckstrahlen in den beiden Seitenebenen verschieden lang durchlaufen, bis sie reflektiert werden. Statt dessen stellt sich offenbar ein Ausgleich her, weil sich die Druckkräfte an jedem Korn von neuem zerlegen. Man trifft daher die Uebereinstimmung mit der Wirklichkeit besser, wenn man die Wand- und Bodendrücke nicht nach dem Rechteck, sondern für ein Quadrat berechnet, dessen Seitenlänge so anzusetzen ist, daß Bodendruck und Wandreibung gerade das Gewicht der Füllung tragen. Dafür gilt bei dem Quadrat

$$s^2 H \gamma = s^2 p + 4\,s H(q)\operatorname{tg}\varrho$$
oder
$$\frac{4\,H(q)\operatorname{tg}\varrho}{H\gamma - p} = s,$$

und bei dem Rechteck

$$a\,b\,H\gamma = a b p + 2\,(a + b)H(q)\operatorname{tg}\varrho$$
oder
$$\frac{4\,H(q)\operatorname{tg}\varrho}{H\gamma - p} = \frac{2\,ab}{a + b}.$$

Danach ist $s = \dfrac{2\,ab}{a + b}$

z. B. für $a = 1$ und $b = 1 \qquad 2 \qquad 3 \qquad 4 \qquad 6 \qquad 9 \qquad \infty$
$$s = 1 \qquad 1{,}33 \qquad 1{,}5 \qquad 1{,}6 \qquad 1{,}7 \qquad 1{,}8 \qquad 2$$

Allgemein gilt für einen Querschnitt F und Umfang U

$$s = \frac{4\,F}{U}.$$

So wird für einen Kreis vom Durchmesser d

$$s = d,$$

für ein Sechseck oder ein Achteck und andere gleichseitige Vielecke vom einbeschriebenen Durchmesser d wieder

$$s = d.$$

Kuppelofen, Fig. 39.

Die Anwendung der Theorie auf einen Kuppelofen sei durchgeführt für einen Ofen von $s = d = 0{,}8$ m Weite, mit einer Verengung auf $0{,}5$ m, unter Annahme einer Böschung der Rast mit der Neigung $\varphi = 90 - \beta$.

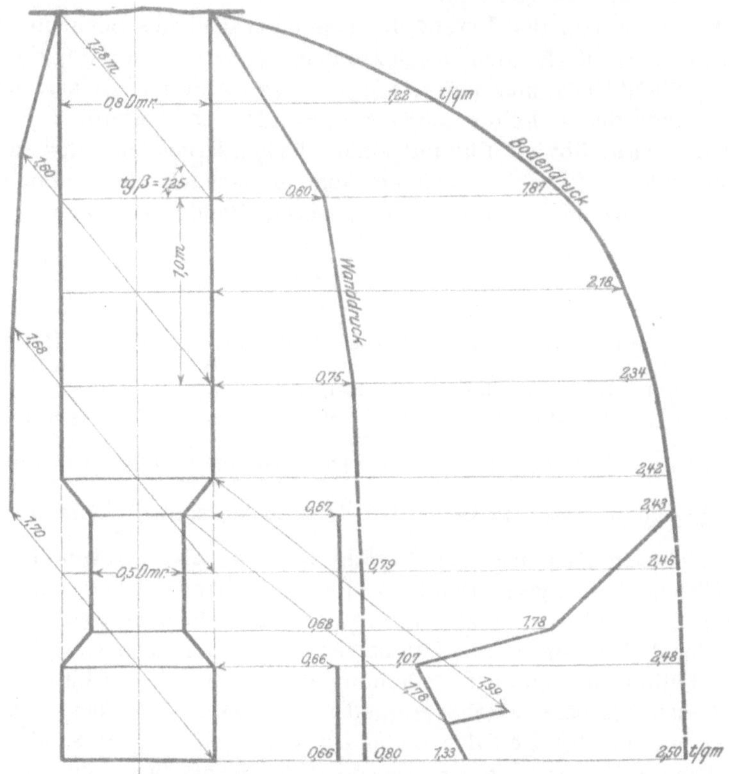

Fig. 39. Kuppelofen. $1 : 40$. $\operatorname{tg} \beta = 1{,}25$, $\mu = 0{,}45$, $\lambda = 0{,}25$, $\gamma = 3$ t/cbm.

Für $\operatorname{tg} \beta = 1{,}25$ beträgt die Feldhöhe $0{,}8 \cdot 1{,}25 = 1$ m. Die Reibung an der Wand sei $\operatorname{tg} \varrho = 0{,}75$, so daß $\lambda = {}^1/_4$ wird. Das spez. Gewicht der Füllung ergibt sich für die Mischung

von	100	kg Eisen	zu rd.	4	kg/ltr in	25 ltr
mit	7	» Koks	» »	0,5	» »	14 »
und	1,5	» Kalkstein	» »	1,5	» »	1 »
	108,5	kg Beschickung			in 40 ltr zu	2,7 kg/ltr.

In Rücksicht auf das Setzen und Durchdringen der Gichten im Ofen sei $\gamma = 3$ gesetzt.

Der Wanddruck steigt im 1. Felde bis zu

$$q_1 = \frac{\gamma \, h \, \operatorname{ctg} \beta}{2\,(\operatorname{tg}\beta + \operatorname{tg}\varrho)} = \frac{3\,d}{2\,(1{,}25 + 0{,}75)} = 0{,}75\,d = 0{,}60 \text{ t/qm.}$$

Der Bodendruck am Grunde ist $p_1 = q_1\, 2\, \mathrm{tg}^2\beta = 1{,}87$ t/qm.

Am Grunde des 2. Feldes ist $q_2 = q_1\, (1 + {}^1/_4)$ $= 0{,}75$ t/qm; $p_2 = 2{,}34$ t/qm
»   »   » 3.   »   » $q_3 = q_1\, (1 + {}^1/_4 + {}^1/_{16})$ $= 0{,}79$ » $p_3 = 2{,}46$ »
»   »   » 4.   »   » $q_4 = q_1\, (1 + {}^1/_4 + {}^1/_{16} + {}^1/_{64}) = 0{,}80$ » $p_4 = 2{,}50$ »

Diese Zahlen gelten für einen geradlinig durchgehenden Schacht. Infolge der Verengung fallen die auf die engere Wandung treffenden Druckstrahlen kürzer aus, so daß die Druckhöhe im unteren Felde nicht den vollen Wert 1 erreicht, sondern um $\dfrac{0{,}8 - 0{,}5}{2}\, \mathrm{tg}\,\beta = 0{,}1875$ kleiner bleibt; daher vermindert sich der Wanddruck um $0{,}1875\, q_1 = 0{,}11$ t/qm. So findet sich am Grunde des 3. Feldes $0{,}79 - 0{,}11 = 0{,}68$ t/qm.

In dem unterhalb der Verengung liegenden Teil des Schachtes verkürzen sich nicht nur die auftreffenden Druckstrahlen, sondern auch die vorhergehenden, so daß der Wanddruck hier um $0{,}11\, (1 + {}^1/_4) = 0{,}14$ t/qm kleiner ausfällt und z. B. am Grunde des 4. Feldes $0{,}80 - 0{,}14 = 0{,}66$ t/qm beträgt.

Auf der Rast übt die Füllung einen starken Druck aus, der sich nach der einen oder anderen Formel berechnen läßt, je nachdem die Reibung voll oder nur teilweise ausgenutzt wird. Am äußeren Rande ist $2\, h_v = (1 + \lambda)\, h_w$ zu setzen, womit nach Fig. 25 $\mathrm{tg}\,\varrho_x = \dfrac{h_w\,(\mathrm{tg}\,\beta - \mathrm{ctg}\,\beta) + h_v\,\mathrm{tg}\,\beta}{2\, h_w + h_v} = 0{,}469$ folgt, gegenüber der größeren Reibung $\mathrm{tg}\,\varrho = 0{,}75$. Darum ist (nach Fig. 30) zu rechnen $q = \dfrac{\gamma}{2}\,\dfrac{2\, h_w + h_v}{1 + \mathrm{tg}^2\beta}$ mit $h_w = \dfrac{2}{1 + \lambda}\, h_v$ und $h_v = \dfrac{p}{\gamma}$ für $p = 2{,}42$ in der Höhe des äußeren Randes der Rast. Es folgt $q = 1{,}99$ t/qm.

Denkt man sich die Rast bis zur Achse fortgesetzt als Trichter, so wäre an ihrer Spitze $h_w = h_v$ und dazu $\mathrm{tg}\,\varrho_x = 0{,}567$, wieder $< 0{,}75$, also $q = \gamma\, h\, \dfrac{1{,}5}{1 + \mathrm{tg}^2\beta}$ mit $h = \dfrac{p}{\gamma}$ und $p = 2{,}46$ in der Höhe der Trichterspitze, daher $q = 1{,}44$ t/qm. Entsprechend dem gleichmäßigen Verlauf von 1,99 bis 1,44 vom Rande bis zur Spitze trifft auf den inneren Rand der Rast der Flächendruck 1,78 t/qm.

Die Durchschnittswerte für den Bodendruck in den wagerechten Ebenen verlaufen nach Kurven, deren Zahlenwerte sich aus dem Gewichte der überliegenden Füllung abzüglich der Reibung an der Wand am einfachsten so berechnen laßen, als ob der Schacht quadratisch wäre. Unter der Rast, längs der Verengung, vermindert sich der Bodendruck von 2,43 auf 1,78, nämlich gemäß $p\, 0{,}5^2 = 2{,}43 \cdot 0{,}5^2 + 0{,}5^2 \cdot 0{,}625\, \gamma - 4 \cdot 0{,}5 \cdot 0{,}625 \cdot 0{,}675\, \mathrm{tg}\,\varrho$. In der folgenden Erweiterung sinkt er gar auf 1,07 und wächst bis zum Boden hin auf 1,33 t/qm.

Mit Hülfe dieser Zahlen läßt sich nun auch berechnen, wie tief die Schmelzsäule in die Schlacke und das Eisenbad eintaucht, bis sich Bodendruck und Auftrieb ausgleichen. Von der Schmelzsäule können nur Koksstücke eintauchen; sie nehmen etwa ${}^1/_3$ des Raumes ein, entsprechend dem Verhältnis des spezifisches Gewichtes von geschichtetem Koks mit rd. 0,47 zu 1,4 für ein massives Koksstück. Die Zwischenräume sind unten mit flüssigem Eisen gefüllt, dessen spezifisches Gewicht 6,9 ist, und darüber mit Schlacke von 2,4 kg/ltr. Hat die Schlackenschicht die Tiefe t_1 und ist t_2 die Eintauchtiefe im Eisenbad, so wird für 1 qm Grundfläche das Gewicht der verdrängten Flüssigkeit ${}^1/_3\, t_1\, 2{,}4 + {}^1/_3\, t_2\, 6{,}9 = p$, nämlich gleich dem auf 1 qm lastenden Druck. Hieraus berechnet sich die zum Gleichgewicht im schwimmenden Zustand erforderliche Tauchtiefe im Eisen

$$t_2 = \frac{p - 0{,}8\, t_1}{2{,}3}\,.$$

Wenn z. B. $t_1 = 0{,}25$ m angenommen wird, so müßte in dem verengten Schacht mit $p =$ rd. $1{,}12$ Bodendruck an der Oberfläche der Schlacke die Schmelzsäule auf $t_2 = 0{,}40$ m in das Eisen eintauchen, und in dem zylindrischen Schacht mit $p = 2{,}50$ auf $t_2 = 1{,}00$ m. Danach kann die Füllung im Eisenbad nicht schwimmen, sondern wird auf dem Boden aufstehen, wobei die Koksstücke den Fassungsraum auf $^2/_3$ beschränken; beim Abstich wird die Füllung erst nachsinken, wenn die austauchenden Koksstücke wegbrennen.

Kuppelofen, Fig. 40.

Rechnet man aber $\mathrm{tg}\,\beta = 1$ statt $1{,}25$, so fällt der Wanddruck im oberen Teil des Schachtes größer aus, unten gleich groß wie vorerst, und der Bodendruck nimmt wesentlich geringere Werte an.

Die Feldhöhe ist jetzt gleich der Schachtweite $0{,}8$ m.

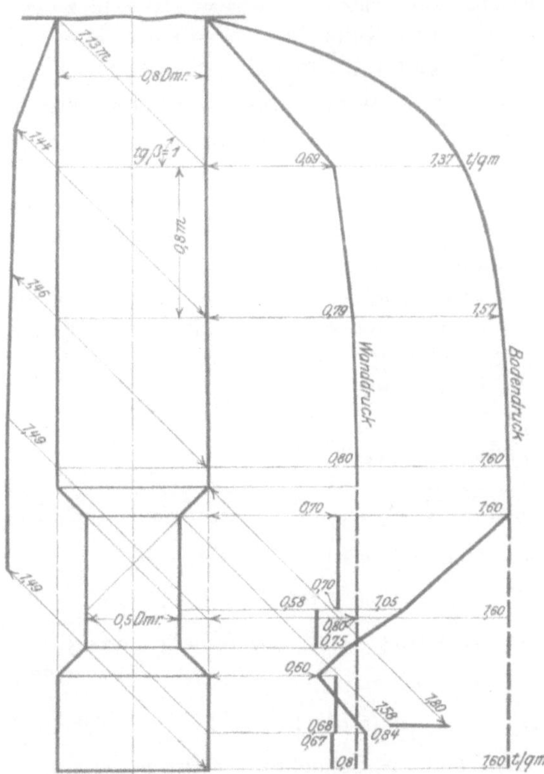

Fig. 40. Kuppelofen. $1:40$. $\mathrm{tg}\,\beta = 1$, $\mu = 0{,}75$, $\lambda = 0{,}25$, $\gamma = 3$ t/cbm.

Am Grunde des 1. Feldes ist $q_1 = \dfrac{\gamma\,h\,\mathrm{ctg}\,\beta}{2\,(\mathrm{tg}\,\beta + \mathrm{tg}\,\varrho)} = \dfrac{3\,d}{2\,(1 + 0{,}75)} = 0{,}686$ t/qm.

Der Bodendruck stellt sich auf $p_1 = 2\,\mathrm{tg}^2\beta\,q_1 = 2\,q_1 = 1{,}372$ t/qm.

Der Wert $\lambda = \dfrac{\mathrm{tg}\,\beta - \mathrm{tg}\,\varrho}{\mathrm{tg}\,\beta + \mathrm{tg}\,\varrho}$ wird $= {}^1/_7$. Damit findet sich

am Grunde des 2. Feldes $q_2 = q_1\,(1 + {}^1/_7)$ $\quad = 0{,}785$ und $p_2 = 1{,}57$,

 » » » 3. » $q_3 = q_1\,(1 + {}^1/_7 + {}^1/_{49}) = 0{,}799$ » $p_3 = 1{,}60$,

 » » » 4. » $q_4 = $ $= 0{,}80$ » $p_4 = 1{,}60$,

 » » » 5. » $q_5 = $ $= 0{,}80$ » $p_5 = 1{,}60$,

so daß in einem zylindrischen Schacht schon bei einer Tiefe vom 3- bis 4fachen Durchmesser der Druck weiterhin gleich bleibt.

Für den verengten Schacht gilt der vorige Rechnungsgang und liefert für den Druck an der Rast 1,80 bis 1,58 t/qm; innerhalb der Verengung fällt der Wanddruck von 0,697 auf 0,58 infolge der plötzlichen Verkürzung der Druckstrahlen. Unterhalb der Verengung beträgt er zunächst 0,68, am unteren Ende 0,665.

Der Bodendruck nimmt in der Verengung von 1,6 auf 1,05 und 0,75 ab, fällt in der Erweiterung auf 0,595 und erreicht bis unten hin 0,84 t/qm.

Hierbei würde eine Tauchtiefe von 15 bis 20 cm im Eisenbad genügen, um den Druck der Schmelzsäule schwimmend zu tragen.

Hochofen, Fig. 41.

Das spezifische Gewicht der Füllung kann zu 1,4 t/cbm angenommen werden, indem angesetzt wird:

$$\begin{array}{llll}
\text{für 100 t Eisen:} & \text{300 t Erz} & = \text{150 cbm zu} & \text{2} \quad \text{t/cbm} \\
& \text{110 t Koks} & = \text{220 »} \quad \text{»} & \text{0,5} \quad \text{»} \\
& \text{50 t Kalkstein} & = \underline{\text{30 »} \quad \text{»}} & \underline{\text{1,6} \quad \text{»}} \\
& \text{460 t Beschickung} & = \text{400 cbm zu} & \text{1,15 t cbm,}
\end{array}$$

mit Rücksicht darauf, daß die Massen sich durchdringen und dichter setzen, so daß bei rd. 20 vH der Wert 1,4 erreicht werden mag.

Die Reibziffer $\operatorname{tg}\varrho = 0{,}75$ gilt für Koks auf feuerfestem Stein; für Erze wäre 0,80 zu nehmen, doch gehen diese vorwiegend nach innen, so daß 0,75 beibehalten werden kann, mit $\varrho = 36^{0}\,52'$.

Die Druckstrahlrichtung ist zunächst $\operatorname{tg}\beta = 1{,}25$ gewählt.

Mit diesen Annahmen findet sich für senkrechte Wand $\lambda_0 = 0{,}25$, für den Schacht mit $\psi = 3^{0}\,29'$ Neigung $\lambda_\psi = 0{,}265$ und für die Rast mit $\varphi = 12^{0}$ Neigung $\lambda_\varphi = 0{,}088$. Es ist nämlich

$$\lambda_0 = \frac{\operatorname{tg}\beta - \operatorname{tg}\varrho}{\operatorname{tg}\beta + \operatorname{tg}\varrho} = \frac{1{,}25 - 0{,}75}{1{,}25 + 0{,}75} = 0{,}25;$$

$$\lambda_\psi = \frac{1 - \operatorname{tg}\beta \operatorname{tg}\psi}{1 + \operatorname{tg}\beta \operatorname{tg}\psi}\,\frac{\operatorname{tg}\beta - \operatorname{tg}(\varrho - \psi)}{\operatorname{tg}\beta + \operatorname{tg}(\varrho - \psi)} = \frac{1 - 1{,}25 \cdot 0{,}06}{1 + 1{,}25 \cdot 0{,}06} \cdot \frac{1{,}25 - 0{,}66}{1{,}25 + 0{,}66} = 0{,}265;$$

$$\lambda_\varphi = \frac{(1 + \operatorname{tg}\beta \operatorname{tg}\varphi)(\operatorname{tg}\beta - \operatorname{tg}(\varrho + \varphi)) + 2\,\dfrac{h_v}{h_w}\operatorname{tg}^2\beta \operatorname{tg}\varphi}{(1 - \operatorname{tg}\beta \operatorname{tg}\varphi)(\operatorname{tg}\beta + \operatorname{tg}(\varrho + \varphi))}$$

$$= \frac{(1 + 1{,}25 \cdot 0{,}2125)(1{,}25 - 1{,}45) + 2 \cdot \dfrac{6{,}24}{9{,}71}\,1{,}25^2 \cdot 0{,}2125}{(1 - 1{,}25 \cdot 0{,}2125)(1{,}25 + 1{,}45)} = 0{,}088.$$

In der Tiefe $H = 3$ m unter der Beschickungsoberfläche beträgt der Wanddruck im zylindrischen Teil des Schachtes 0,84 t/qm, nämlich $q = \dfrac{\gamma\,h_w}{2\,\operatorname{tg}\beta\,(\operatorname{tg}\beta + \operatorname{tg}\varrho)}$ $= \dfrac{1{,}4 \cdot 3}{5} = 0{,}84;$ und im kegeligen Teil 0,78 t/qm, entsprechend

$$q = \frac{\gamma\,h_w\,(1 - \operatorname{tg}\beta \operatorname{tg}\psi)}{2\,\operatorname{tg}\beta\,(\operatorname{tg}\beta + \operatorname{tg}(\varrho - \psi))(1 + \operatorname{tg}\varrho \operatorname{tg}\psi)} = \frac{1{,}4 \cdot (1 - 1{,}25 \cdot 0{,}06)\,h_w}{2 \cdot 1{,}25\,(1{,}25 + 0{,}66)(1 + 0{,}75 \cdot 0{,}06)}$$
$$= 0{,}26\,h_w = 0{,}26 \cdot 3 = 0{,}78.$$

Wie bei 3 m, so gibt die Berechnung auch in der Tiefe von 9,76 m eine geringe Diskontinuität an, indem der Druckstrahl bei 3 m in verschiedener Art reflektiert wird. Je nach der Höhe h_w steigert sich der Wanddruck nach unten.

Die Rast erfährt den Wanddruck

$$q = \frac{\gamma}{2}\,\frac{h_v \operatorname{tg}\varphi + h_w\,(\operatorname{tg}\varphi + \operatorname{ctg}\beta)}{\operatorname{tg}\beta + \operatorname{tg}\varphi + \operatorname{tg}\varrho - \operatorname{tg}\beta \operatorname{tg}\varphi \operatorname{tg}\varrho}.$$

Hierbei ist der für die Mitte der oberen Rastebene abgemessene Wert $h_v = 0{,}624$ und $h_w = 9{,}71$.

Die mittleren Bodendrücke sind aus dem Gewichte der überliegenden Füllung und der Reibung an der Wand berechnet unter Rücksicht auf die senkrechte Komponente des Wanddruckes. So findet sich z. B. für den oberen Teil des Kegelschachtes von 3 bis 6,52 m Tiefe und 5 bis 5,42 m Weite der Bodendruck aus:

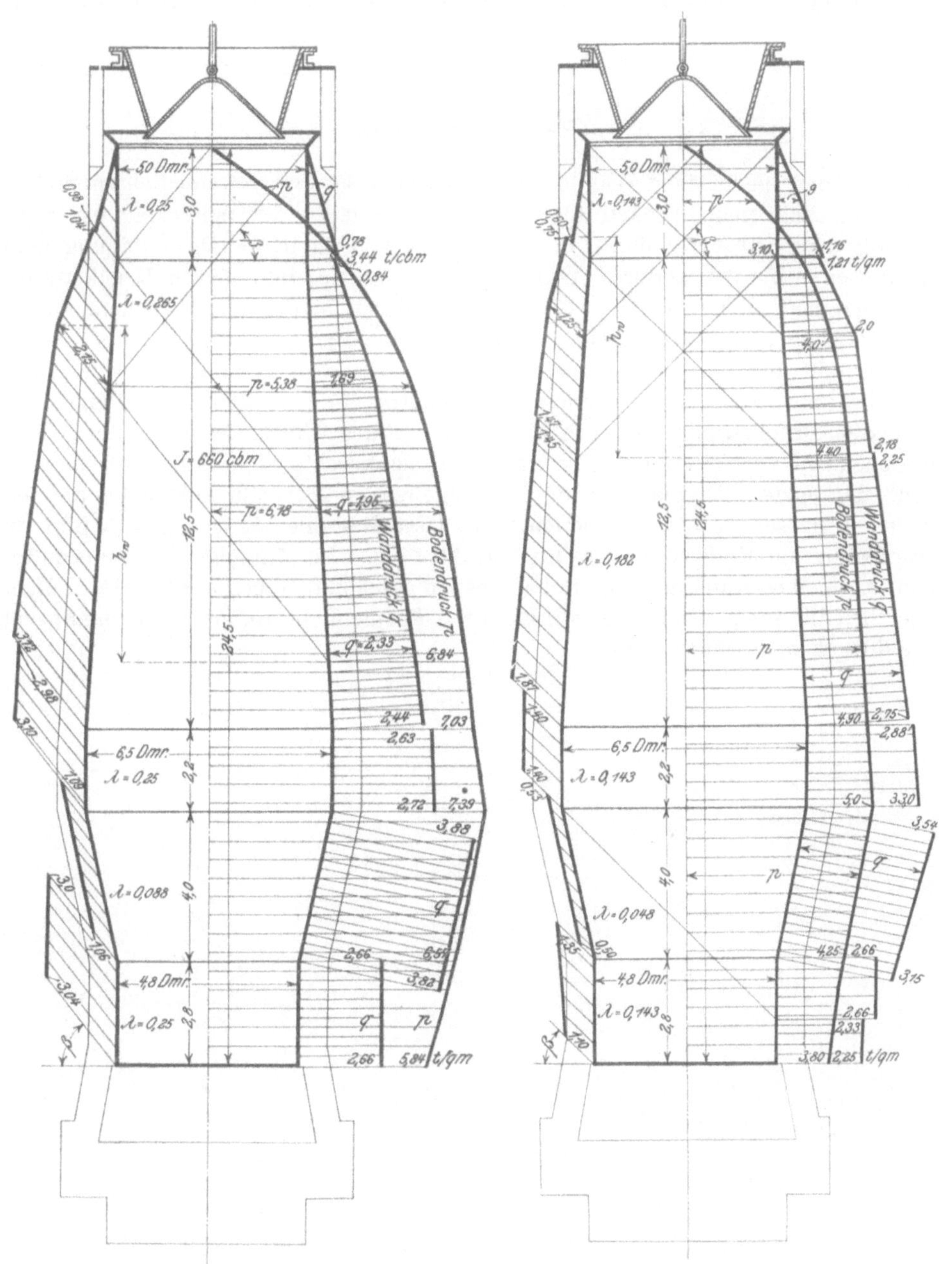

Fig. 41. Hochofen. 1 : 200.
tg $\beta = 1{,}25$, tg $\varrho = 0{,}75$, $\gamma = 1{,}4$ t/cbm.

Fig. 42. Hochofen. 1 : 200.
tg $\beta = 1$, tg $\varrho = 0{,}75$, $\gamma = 1{,}4$ t/cbm.

$$p\,5{,}42^2 = 3{,}44 \cdot 5^2 + \gamma\,\frac{6{,}52 - 3}{3}\,(5{,}42^2 + 5{,}42 \cdot 5 + 5^2)$$

$$+ 4 \cdot (6{,}52 - 3) \cdot \frac{5{,}42 + 5}{2}\,(q)(\mathrm{tg}\,\psi - \mathrm{tg}\,\varrho) = 5{,}38,$$

wobei (q) als Mittelwert aus 0,78 und 1,69 zu 1,235 gesetzt ist.

Hochofen, Fig. 42.

Mit $\mathrm{tg}\,\beta = 1$ findet man größeren Wanddruck im oberen Teil und kleinere Bodendrücke.

Zusammenfassung.

Um den spezifischen Wanddruck q in einem Schacht von der lichten Weite s zu finden, zieht man Druckstrahlen von der Oberfläche der Schüttung unter der Neigung $\beta = 45$ bis 60^0 bis an die Wand und von da in gleicher Neigung nach unten weiter bis zur anderen Wand. Zur Länge l_1 des oberen Druckstrahles berechnet man den Bruchteil $\lambda\,l_1$ und trägt diesen in der umgebrochenen Richtung nach oben und außen auf. Die Druckzunahme längs des zweiten Druckstrahles gilt nun für die ganze Länge $L_2 = \lambda\,l_1 + l_2$ bis zur anderen Wand. Hier hat man $\lambda\,L_2$ zu berechnen und aufzutragen, um die Gesamtlänge des folgenden Druckstrahles zu erhalten usw. Bei stärkerer Neigung der Wandflächen, etwa von 30^0 oder mehr gegen die senkrechte Richtung, muß man an Hand der letzten Beispiele die dafür maßgebenden Formeln aufsuchen und benutzen. Die senkrechte Komponente des Gesamtstrahles $h_w = L_{(2)}\sin\beta$ gibt die Druckhöhe am Ende des (2.) Druckstrahles an. In ähnlicher Weise ermittelt man h_v in der Mittellinie des Schachtes in gleicher Höhenlage wie h_w. Nach den für die einzelnen Fälle aufgestellten Formeln bestimmt man damit den Wanddruck q an jener Stelle.

Berechnung gewölbter Platten.

Von Ingenieur **Huldreich Keller** in Zürich.

Durch vorliegende Arbeit soll der Weg gezeigt werden für eine annäherungsweise Berechnung von gewölbten Platten. Er ist ähnlich demjenigen, den ich einer früheren Arbeit über die Berechnung von umlaufenden Radscheiben zugrunde gelegt habe[1]). Das Hauptkennzeichen dieses Rechnungsverfahrens liegt darin, daß man die Differentialgleichungen, auf die man gelangt, durch das annäherungsweise »Rechnen mit kleinen Differenzen« löst.

Unsere neue Aufgabe ist aber wesentlich umfangreicher, als die Berechnung von Radscheiben, weil zu den Normalspannungen in radialer und tangentialer Richtung, wie sie in Radscheiben fast allein vorkommen, in einer einseitig belasteten, gewölbten Platte noch Schub- und Biegungsspannungen hinzutreten.

Der Zweck vorliegender Arbeit soll insbesondere auch darin bestehen, die teils ziemlich verwickelten Formeln in eine möglichst einfache Form zu bringen, wie sie für ein am Konstruktionstisch gefordertes, hinreichend zuverlässiges Rechnen brauchbar ist, das nicht allzusehr ermüdet.

Die Berechnung soll die Möglichkeit schaffen, in einer als Drehkörper durchgebildeten, gewölbten (oder ebenen) Platte, welche von einer Seite durch einen Gas- oder Flüssigkeitsdruck belastet ist, in jedem Punkt die Beanspruchung und die Formänderung zu ermitteln. Es kommen also Platten in Frage, wie sie als Deckel und Zwischenböden in Dampfturbinen, als Böden von Dampfkesseln oder andern Hochdruckgefäßen Verwendung finden.

Das Verfahren setzt voraus, daß die Dicke der Platte im Verhältnis zum Krümmungshalbmesser des Meridians klein, der Stoff durchaus homogen und daß jede schroffe Querschnittänderung vermieden sei. Ferner soll die Formänderung entsprechend der für den gebogenen Balken aufgestellten Bernoullischen Annahme derart vor sich gehen, daß alle Punkte der Platte, welche vor der Biegung auf einer zur Plattenwölbung senkrechten Geraden lagen, auch nach der Durchbiegung auf einer Geraden liegen, die senkrecht steht zur Mittelfläche[2]).

In die Rechnung führen wir folgende, aus Fig. 1 ersichtliche Bezeichnungen ein:

---

[1]) Siehe »Schweizerische Bauzeitung« vom 27. November 1909 S. 307 und »Die Turbine« vom 5. Dezember 1909 S. 88.

[2]) Dies trifft für gußeiserne gewölbte Platten nur annäherungsweise zu. Vergl. Bach, »Elastizität und Festigkeit« 1902 S. 504 u. f. über »gekrümmte, stabförmige Körper«.

x in cm Abstand des auf der Meridian-Mittelfaser $\widehat{JA_1}$ gelegenen zu untersuchenden Punktes A von der Symmetrieachse $z-z$ der Platte.

h in cm Dicke der Platte beim Punkt A.

η in cm Abstand eines auf dem durch A gehenden Krümmungshalbmesser des
Meridians gelegenen Punktes C von A.

ϱ in cm Krümmungshalbmesser der Meridian-Mittelfaser im Punkt A.

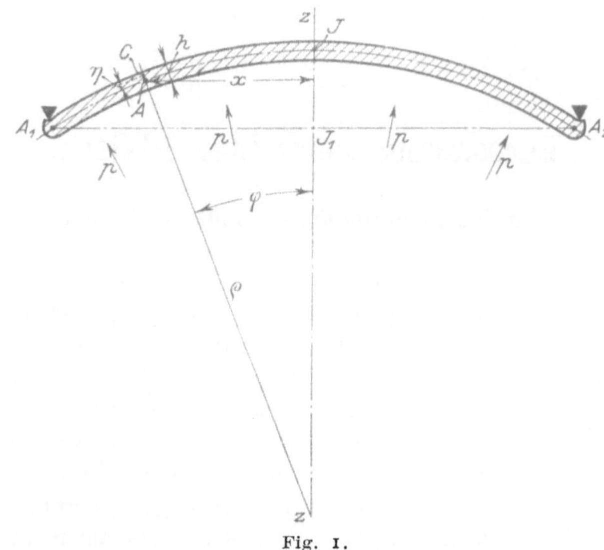

Fig. I.

φ Winkel zwischen diesem Krümmungshalbmesser und der Symmetrieachse.

$\varDelta\varphi \equiv \psi$ Aenderung dieses Winkels φ bei der Durchbiegung.

$\varDelta(dq) \equiv d\psi$ Aenderung des Winkelelementes $d\varphi$.

$\omega = \dfrac{\varDelta(d\varphi)}{d\varphi}$ spezifische Aenderung des Winkelelementes.

p in kg/qcm der gleichmäßig verteilte, einseitige Ueberdruck, winkelrecht auf
die Platte wirkend. Für eine Einzelbelastung P wären diejenigen Glieder
der Rechnung, in denen sonst p vorkommt, sinngemäß zu ändern. Ein
Gleiches gilt für ein Zusammenwirken einer gleichmäßig verteilten Belastung p und einer Einzellast P.

σ_r in kg/qcm die Normalspannung in einem den Punkt C enthaltenden Flächenelement, das auf dem durch den Punkt A oder C senkrecht zur Plattenwölbung geführten Kegel liegt, dessen Symmetrieachse mit derjenigen der
Platte zusammenfällt. σ_r ist gleich gerichtet wie die Meridian-Mittelfaser.
Der Hauptsache nach verläuft sie »radial«; ihr Wert sei deshalb abkür-
zungshalber mit »Radialspannung« bezeichnet —, dies in Anlehnung an
die Scheibenberechnung.

σ_t in kg/qcm die Normalspannung (Hauptspannung) im Meridianschnitt; sie verläuft tangential zum Parallelkreis und soll deshalb »Tangentialspannung«
heißen.

τ in kg/qcm die Schubspannung in dem Flächenelement, auf welches σ_r winkelrecht wirkt.

E in kg/qcm der Elastizitätsmodul des Plattenstoffes.

In Fig. I ist ein Meridianschnitt durch einen von der konkaven Seite, also
im positiven Sinn mit der spezifischen Pressung p belasteten Deckel gezeichnet.

Durch diese Belastung p erfährt ein im Abstand x von der Symmetrieachse $z-z$ gelegenes Element der im Meridianschnitt liegenden Mittelfaser in Richtung dieser Faser die spezifische Verlängerung ε_{r0}, ein im Abstand η von der Mittelfaser liegendes, parallel zu ersterem gerichtetes Faserteilchen die spezifische Verlängerung ε_r. Diese Verlängerungen werden bedingt durch die an diesen Stellen herrschenden Radialspannungen σ_{r0} in der Mittelfaser und σ_r im Abstand η hiervon und den Tangentialspannungen σ_{t0} und σ_t.

1) Berechnung der spezifischen Verlängerung ε_r.

Die oben gemachte Annahme, daß die Plattendicke gering sei im Verhältnis zum Krümmungshalbmesser des Meridianschnittes, hat zur Folge, daß die spezifischen Dehnungen der Meridianfasern in einem linearen Verhältnis zu ihrem Abstand η von der Mittelfaser angenommen werden können, gleich wie in einem gekrümmten Balken[1])

$$\varepsilon_r = \varepsilon_{r0} + (\omega - \varepsilon_{r0}) \frac{\dfrac{\eta}{\varrho}}{1 + \dfrac{\eta}{\varrho}}.$$

Um die Rechnung zu vereinfachen und dadurch den praktischen Bedürfnissen anzupassen, wollen wir verschiedene Annäherungen zulassen. Weil die Dicke h der Platte im Verhältnis zum Krümmungshalbmesser ϱ gering sein soll, dürfen wir setzen:

$$\varrho + \eta \infty \varrho; \quad \left(1 + \frac{\eta}{\varrho}\right) \infty 1.$$

Hierdurch vereinfacht sich die Gleichung für ε_r auf

$$\varepsilon_r = \varepsilon_{r0} + \omega \frac{\eta}{\varrho} \quad \ldots \ldots \ldots \ldots \quad (1).$$

2) Berechnung der spezifischen Verlängerung ε_t im Parallelkreis vom Halbmesser ξ und dem Abstand η von der Mittelfaser.

In Fig. 2 ist im vergrößerten Maße dargestellt, wie der Meridianschnitt aus seiner anfänglichen Lage $\overparen{AB}$ bei der Belastung in die Lage $\overparen{A'B'}$ verschoben wird. Dabei vergrößern sich die Halbmesser der durch den Mittenpunkt A und den im Abstand η davon gelegenen Punkt C gehenden Parallelkreise von den Anfangswerten x und ξ auf die Endwerte $(x + \varDelta x)$ und $(\xi + \varDelta \xi)$. Hierbei erfährt der durch den Punkt C gehende Parallelkreis eine spezifische Dehnung

$$\varepsilon_t = \frac{2\pi(\xi + \varDelta\xi) - 2\pi\xi}{2\pi\xi} = \frac{\varDelta\xi}{\xi}.$$

Nun ist gemäß Fig. 2

$$\xi = x + \eta \sin \varphi.$$

Durch Differenzieren dieser Gleichung erhält man für die Zunahme von ξ den Ausdruck

$$\varDelta\xi = \varDelta x + \varDelta\eta \sin \varphi + \eta \cos \varphi \, \varDelta\varphi.$$

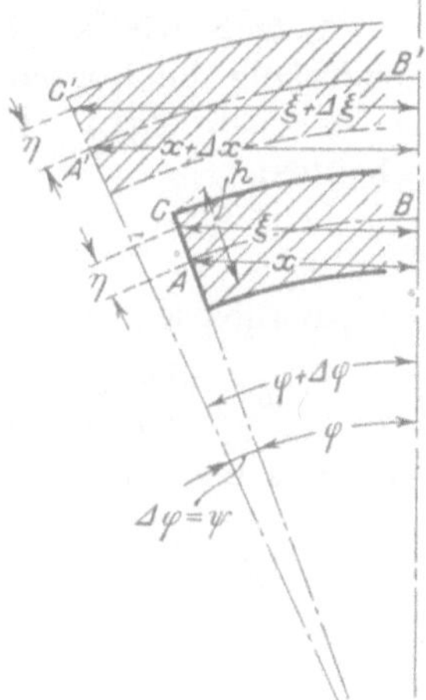

Fig. 2.

---

[1]) Vergl. Bach, »Elastizitäts- und Festigkeitslehre« 1902 S. 472.

3*

Wegen der Kleinheit von η und der daraus folgenden Kleinheit von $\varDelta\eta$ wird auf der rechten Seite der zweite Summand gegenüber den beiden anderen Summanden vernachlässigt, und es bleibt noch

$$\varDelta\xi = \varDelta x + \eta\ \varDelta\varphi\ \cos\varphi.$$

Diesen Wert eingesetzt in die Gleichung $\varepsilon_t = \dfrac{\varDelta\xi}{\xi}$, gibt

$$\varepsilon_t = \frac{\varDelta x + \eta\ \varDelta\varphi\ \cos\varphi}{x + \eta\ \sin\varphi}.$$

Mit hinreichender Annäherung kann man setzen $x + \eta\ \sin\varphi \infty x$; ferner ist $\dfrac{\varDelta x}{x} = \varepsilon_{t0}$, wo ε_{t0} die spezifische Dehnung des durch den Punkt A, d. h. im Abstand $\eta = 0$ von der Mittelfaser gezogenen Pararallelkreises ist. Dadurch vereinfacht sich der Ausdruck für ε_t auf die Form:

$$\varepsilon_t = \varepsilon_{t)} + \frac{\eta}{x}\ \varDelta\varphi\ \cos\varphi \quad \ldots \ldots \ldots \quad (2).$$

Hierin ist aber vorläufig weder ε_{t0} noch $\varDelta\varphi$ bekannt.

3) Berechnung der im Punkt C herrschenden Radialspannung σ_r und Tangentialspannung σ_t.

Die Elastizitätslehre[1]) gibt zwischen den Spannungen und den Dehnungen die Beziehungen:

$$\sigma_r = \frac{m\,E}{m^2 - 1}\,[m\,\varepsilon_r + \varepsilon_t]; \qquad \sigma_t = \frac{m\,E}{m^2 - 1}\,[\varepsilon_r + m\,\varepsilon_t],$$

wo m das Verhältnis der spezifischen Längsdehnung zur linearen Querzusammenziehung eines auf reinen Zug beanspruchten Stabes bedeutet[2]).

Wir setzen

$$c = \frac{m\,E}{m^2 - 1}.$$

Unter Verwendung der Gl. (1) und (2) erhalten wir

$$\sigma_r = c\left[m\,\varepsilon_{r0} + m\,\omega\,\frac{\eta}{\varrho} + \varepsilon_{t0} + \frac{\eta}{x}\,\varDelta\varphi\,\cos\varphi\right]$$

$$\sigma_t = c\left[\varepsilon_{r0} + \omega\,\frac{\eta}{\varrho} + m\,\varepsilon_{t0} + m\,\frac{\eta}{x}\,\varDelta\varphi\,\cos\varphi\right].$$

Setzen wir in diesen beiden Gleichungen $\eta = 0$, so erhalten wir als Sonderfälle die Normalspannungen im Abstand x von der Symmetrieachse und in der jeweiligen Mittelfaser des Meridianschnittes und des Parallelkreisschnittes:

$$\sigma_{r0} = c\,[m\,\varepsilon_{r0} + \varepsilon_{t0}]$$

$$\sigma_{t0} = c\,[\varepsilon_{r0} + m\,\varepsilon_{t0}].$$

Berücksichtigt man ferner, daß

$$\omega = \frac{\varDelta\,d\varphi}{d\varphi}; \qquad \frac{\omega}{\varrho} = \frac{\varDelta\,d\varphi}{\varrho\,d\varphi} = \frac{\varDelta\,d\varphi}{ds}; \qquad ds = \frac{dx}{\cos\varphi}; \qquad \varDelta\,d\varphi = d\psi,$$

so gehen die Gleichungen für σ_r und σ_t über in die Form

$$\sigma_r = \sigma_{r0} + c\,\eta\,\cos\varphi\left[m\,\frac{d\psi}{dx} + \frac{\psi}{x}\right] \quad \ldots \ldots \ldots \quad (3)$$

$$\sigma_t = \sigma_{t0} + c\,\eta\,\cos\varphi\left[\frac{d\psi}{dx} + m\,\frac{\psi}{x}\right] \quad \ldots \ldots \ldots \quad (4).$$

---

[1]) s. Föppls »Festigkeitslehre« Band III 1909 S. 246.
[2]) z. B. für Stahl $m \infty\ ^{10}/_3$; für Gußeisen: $m = 5$ bis 9.

Setzen wir in diesen beiden Gleichungen als Sonderwerte für η die Grenz-werte $\left(\pm \dfrac{h}{2}\right)$ ein, so erhalten wir die Spannungen σ_r und σ_t in den Außen- und Innenfasern der Platte.

Um nun für jeden Punkt der Platte die Werte σ_r und σ_t berechnen zu können, wollen wir vorerst für σ_{r0}, σ_{t0} und ψ Beziehungen aufstellen.

4) Berechnung von σ_{r0} unter Vermittlung der Gleichgewichtsbedingung der am Plattenelement angreifenden Kräfte.

Wir denken uns gemäß Fig. 3 im Abstand x von der Symmetrieachse aus der Platte ihrer ganzen Höhe nach ein Element in Richtung des Meridians und des Parallelkreises von vorerst unendlich kleinen Grundriß-Abmessungen herausge-schnitten. Die vier Schnittflächen sollen alle senkrecht stehen zu den Meridian- und Parallelkreis-Mittelfasern des Elemen-tes. Zwei dieser Schnittflächen sollen Ebenen sein, durch die Symmetrieachse gehen und unter sich den Winkel $d\alpha$ ein-schließen. Winkelrecht auf die von ihnen gebildeten Seitenflächen $GCDH$ und $EFKI$ des Plattenelementes wirken die Tangen-tialspannungen σ_t im Abstand η von der mittleren Meridianfaser und σ_{t0} in der Mittelfaser selbst, und diese haben die Richtung der Tangenten an die bezüg-lichen Parallelkreise. Die auf diese bei-den Seitenflächen wirkenden Resultieren-den seien T, welche ebenfalls den Win-kel $d\alpha$ miteinander einschließen.

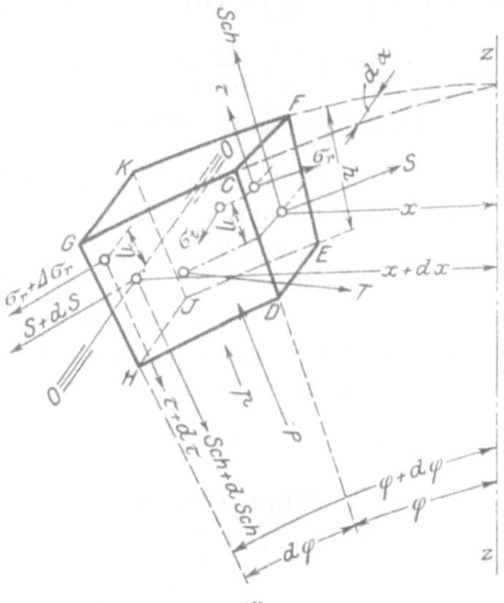

Fig. 3.

Die beiden anderen Schnittflächen für das Plattenelement, nämlich $CDEF$ und $GHIK$, sind eigentlich Kegelflächen, dürfen ihrer Kleinheit wegen jedoch als Ebenen betrachtet werden. Sie schließen unter sich den Winkel $d\varphi$ und mit der Symmetrieachse z—z die Winkel φ und $(\varphi + d\varphi)$ ein. Die in diesen Flächen herrschenden Normalspannungen seien σ_r und $(\sigma_r + d\sigma_r)$ im Abstand η vom mittleren Parallelkreis sowie σ_{r0} und $(\sigma_{r0} + d\sigma_{r0})$ in den mittleren Parallel-kreisen selbst. Sie ergeben die auf die ganzen Flächen wirkenden Resultieren-den S und $(S + dS)$.

In den beiden zuletzt betrachteten Schnittflächen wirken außer den Normal-spannungen noch Schubspannungen τ und $(\tau + d\tau)$, welche die Resultierenden Sch und $(Sch + dSch)$ erzeugen. Es sei gleich an dieser Stelle hervorgehoben, daß diese in Richtung des Krümmungshalbmessers wirkenden Schubspannungen in der Mitte der Flächen einen Höchstwert τ_0, am Rand der Flächen, z. B. an den Kanten CF und DE jedoch den Wert o haben. Ihr Mittelwert τ_m tritt also nicht in der wagerechten Mittellinie der Seitenfläche $CDEF$ auf, doch wollen wir dies nicht weiter verfolgen, da sich dieser Wert aus der Rechnung ganz eliminieren läßt.

Weil die Seitenflächen nicht Quadrate sondern trapezähnliche Flächen sind, so sind die in ihnen wirkenden mittleren Normalspannungen σ_{rm} und σ_{tm} auch nicht genau gleich den in den Mittelfasern herrschenden Spannungen σ_{r0}

und σ_{t0}; doch ist der Unterschied so klein, daß man davon absehen darf, ohne einen unzulässigen Fehler zu begehen.

Die Größen der auf die Seitenflächen des Plattenelementes wirkenden Resultierenden ergeben sich als Produkte aus den Flächen und den in ihnen wirkenden mittleren Spannungen.

Wir können für sie folgende Aufstellung machen:

Fläche	mittl. Spannung	Resultierende	
$CDEF = x\,d\alpha\,h$;	σ_{r0} (normal);	$S = (xh)\sigma_{r0}\,d\alpha$	. . . . . (5)
$CDEF = x\,d\alpha\,h$;	τ_m (Schub);	$Sch = (xh)\tau_m\,d\alpha$	. . . . . (6)
$CDHG = FEIK = ds\,h$;	σ_{t0} (normal);	$T = ds\,h\,\sigma_{t0} = \dfrac{dx}{\cos\varphi}\,h\,\sigma_{t0}$	. (7)

$$DEIH = \left(x + \frac{dx}{2}\right)d\alpha\,ds; \qquad p$$
$$= \left(x + \frac{dx}{2}\right)\frac{dx}{\cos\varphi}\,d\alpha \qquad P = p\,\frac{dx}{\cos\varphi}\left(x + \frac{dx}{2}\right)d\alpha \quad . \quad (8).$$

(Im Ausdruck für P werden wir $\dfrac{dx}{2}$ gegenüber x nicht vernachlässigen mit Rücksicht auf die später durchgeführte Rechnung mit endlich kleinen Differenzen statt unendlich kleinen Differentialen, weil sonst bei kleinem x der Fehler zu groß würde.)

An Hand von Fig. 4, d. i. der Seitenansicht des Plattenelementes, kann man für dieses Element folgende Gleichgewichtsbedingung für die an ihm wirkenden Kräfte aufstellen: Wir vergleichen die in Richtung der Normalkraft $(S + dS)$ fallenden Komponenten:

$$S + dS = S\cos d\varphi + Sch\sin d\varphi + P\sin\frac{d\varphi}{2} + 2\,T'\cos(\varphi + d\varphi).$$

Berücksichtigt man wiederum, daß $d\varphi$ sehr klein, so daß $\cos d\varphi \infty 1$ $\sin d\varphi \infty d\varphi$, $\cos(\varphi + d\varphi) \infty \cos\varphi$, so bleibt

$$dS = Sch\,d\varphi + P\frac{d\varphi}{2} + 2\,T'\cos\varphi.$$

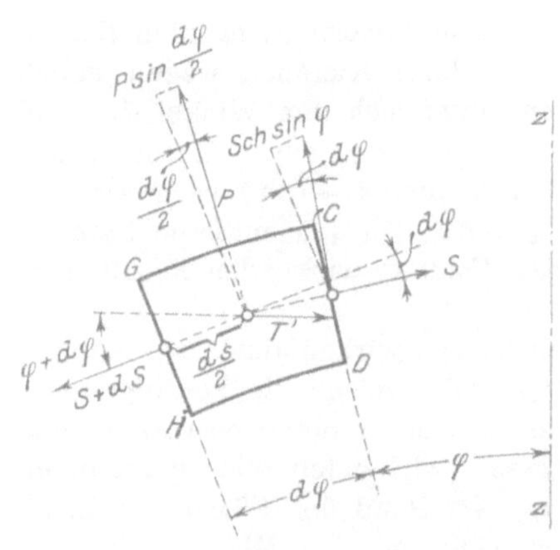

Fig. 4.

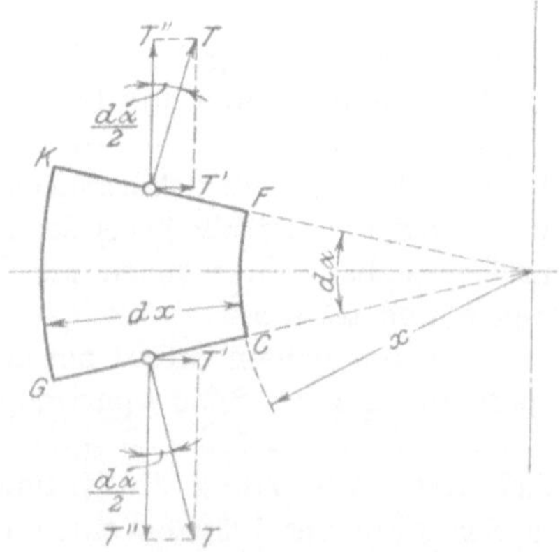

Fig. 5.

Hierin ist T' die in Richtung der $(S + dS)$ fallende Komponente von T

$$T' = T\sin\frac{d\alpha}{2} \infty T\frac{d\alpha}{2}; \quad \text{(vergl. Fig. 5).}$$

Nach Gl. (5) ist $\qquad S = (xh)\sigma_{r0}\,d\alpha,$

folglich $\qquad dS = [(xh)\,d\sigma_{r0} + \sigma_{r0}\,d(xh)]\,d\alpha.$

Unter Verwendung der Gl. (6) bis (8) erhält man nach Kürzung des Faktors $d\alpha$:

$$(x\,h)\,d\,\sigma_{r0} + \sigma_{r0}\,d\,(x\,h) = \tau_m\,(x\,h)\,dq + p\,\frac{d\,x}{\cos\varphi}\left(x + \frac{d\,x}{2}\right)\frac{d\,\varphi}{2} + h\,\frac{d\,x}{\cos\varphi}\,\sigma_{t0}\,\cos\varphi \qquad (9).$$

Fig. 6 zeigt die Möglichkeit, die mittlere Schubspannung τ_m durch die Normalspannung σ_{t0} und die äußere Belastung p auszudrücken und sie hierdurch aus der Rechnung zu eliminieren.

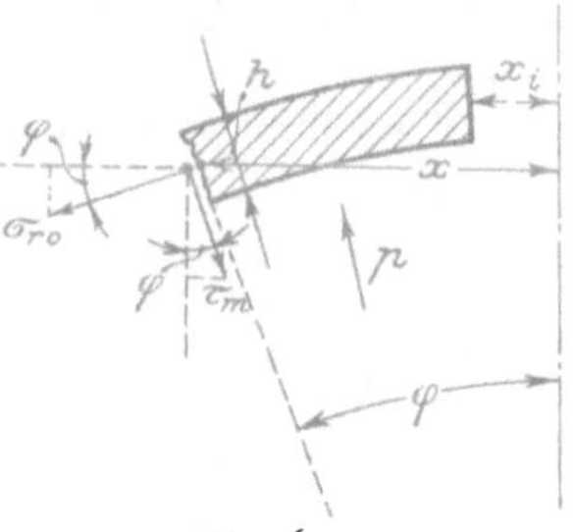
Fig. 6.

Um die Rechnung nach Möglichkeit zu verallgemeinern, wollen wir eine gewölbte Platte betrachten, welche in der Mitte eine gleichachsige Bohrung vom Halbmesser x_i hat. Aus dieser Platte schneiden wir ein Ringteil mit dem äußeren Halbmesser x und dem Zentriwinkel $d\alpha$ heraus. Dieser Ringausschnitt ist in Fig. 6 in der Seitenansicht dargestellt. Aus ihr lassen sich folgende Beziehungen ablesen:

$$(x^2 - x_i^2)\,\pi\left(\frac{d\,\alpha}{2\,\pi}\right)p = x\,d\alpha\,h\,(\tau_m\,\cos\varphi + \sigma_{r0}\,\sin\varphi)$$

$$(x\,h)\,\tau_m = \frac{p}{2}\left(\frac{x^2 - x_i^2}{\cos\varphi}\right) - (x\,h)\,\frac{\sin\varphi}{\cos\varphi}\,\sigma_{r0} \quad . \quad . \quad . \quad . \quad . \quad (10).$$

Die rechte Seite dieser Gleichung werde in Gl. (9) eingesetzt:

$$(x\,h)\,d\,\sigma_{r0} + \sigma_{r0}\,d\,(x\,h) = \frac{p}{2}\,(x^2 - x_i^2)\,\frac{d\,x}{\varrho\,\cos^2\varphi} - (x\,h)\,\sigma_{r0}\,\sin\varphi\,\frac{d\,x}{\varrho\,\cos^2\varphi}$$

$$+ \frac{p}{2}\,\frac{d\,x^2}{\varrho\,\cos^2\varphi}\left(x + \frac{d\,x}{2}\right) + h\,d\,x\,\sigma_{t0}.$$

Hieraus finden wir:

$$d\,\sigma_{r0} = \begin{cases} - \sigma_{r0}\left[\dfrac{d\,(x\,h)}{x\,h} + \sin\varphi\,\dfrac{d\,x}{\varrho\,\cos^2\varphi}\right] \\[2ex] + \sigma_{t0}\,\dfrac{d\,x}{x} \\[2ex] + \dfrac{p}{2}\,\dfrac{1}{(x\,h)}\,\dfrac{d\,x}{\varrho\,\cos^2\varphi}\left[x^2 - x_i^2 + d\,x\left(x + \dfrac{d\,x}{2}\right)\right] \end{cases} \quad\begin{array}{l} \text{I.} \\ \text{Haupt-} \\ \text{gleichung.} \end{array}$$

Diese I. Hauptgleichung hat die Form:

$$d\,\sigma_{r0} = - \sigma_{r0}\,(15) + \sigma_{t0}\,(16) + (24) \quad . \quad . \quad . \quad . \quad . \quad . \quad (1\,a),$$

wo die Ziffern in ( ) Zahlenwerte bedeuten, die abhängig sind von der Form und der äußeren Belastung der Platte und der Lage des augenblicklich zu untersuchenden Punktes A auf der Mittelfaser des Meridianschnittes.

Würde man für den Halbmesser x die mittlere Radialspannung σ_{r0x} kennen, so lieferte die Hauptgleichung (I) den Wert für die mittlere Radialspannung $\sigma_{r0\,(x+d\,x)}$ im Halbmesser $(x + d\,x)$

$$\sigma_{r0\,(x+d\,x)} = \sigma_{r0\,x} + d\,\sigma_{r0}\,\Big|_{x}^{x+d\,x} \quad . \quad . \quad . \quad . \quad . \quad . \quad (11).$$

5) Berechnung von σ_{t0}, hergeleitet aus der Dehnung der Platte.

Der Parallelkreis mit dem Halbmesser x, der die gestreckte Länge $(2\,\pi\,x)$ hat, dehnt sich um das Stück $\varDelta\,(2\,\pi\,x)$, wenn in Richtung der Tangente die spezifische Spannung σ_{t0}, senkrecht dazu die Spannung σ_{r0} wirkt, und zwar ist:

$$\varDelta\,(2\,\pi\,x) = \frac{2\,\pi\,x}{E}\left(\sigma_{t0} - \frac{\sigma_{r0}}{m}\right);$$

danach

$$\varDelta x = \frac{x}{E}\left(\sigma_{t0} - \frac{\sigma_{r0}}{m}\right).$$

Die Differenzierung dieser Gleichung liefert die Dehnung des Halbmesserelementes (dx)

$$\varDelta(dx) = \frac{dx}{E}\left(\sigma_{t0} - \frac{\sigma_{r0}}{m}\right) + \frac{x}{E}\left(d\sigma_{t0} - \frac{d\sigma_{r0}}{m}\right) \quad \ldots \ldots (12).$$

Für diese Dehnung können wir noch einen zweiten Ausdruck aufstellen:

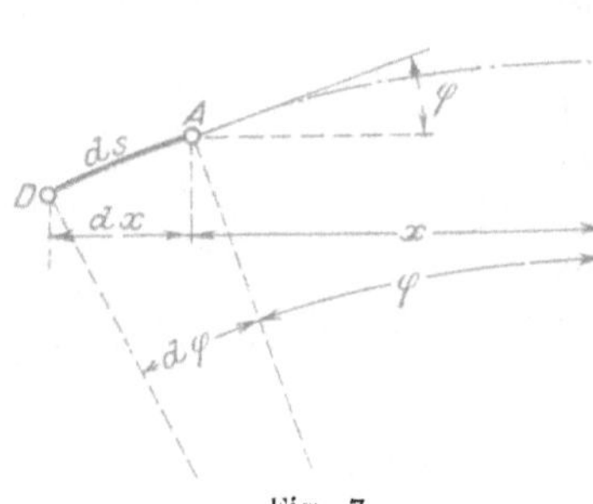

Fig. 7.

Wir denken uns gemäß Fig. 7 aus der mittleren Meridianfaser im Abstand x von der Symmetrieachse bei A ein Element von der Länge $AD = ds$ herausgegriffen.

Weil

$$dx = ds\cos\varphi,$$

so ist auch die durch die Belastung erfolgte Aenderung von dx, das ist:

$$\varDelta(dx) = \varDelta(ds\cos\varphi)$$
$$= \varDelta(ds)\cos\varphi + ds\,\varDelta(\cos\varphi).$$

Nun ist

$$\varDelta(ds) = \frac{ds}{E}\left(\sigma_{r0} - \frac{\sigma_{t0}}{m}\right) \quad \ldots \ldots \ldots (13),$$

$$\varDelta(\cos\varphi) = -\sin\varphi\,\varDelta\varphi = -\sin\varphi\cdot\psi \quad \ldots \ldots (14),$$

demnach

$$\varDelta(dx) = \frac{ds}{E}\left(\sigma_{r0} - \frac{\sigma_{t0}}{m}\right)\cos\varphi - ds\sin\varphi\cdot\psi$$

$$\varDelta(dx) = \frac{dx}{E}\left(\sigma_{r0} - \frac{\sigma_{t0}}{m}\right) - dx\,\mathrm{tg}\,\varphi\cdot\psi \quad \ldots \ldots (15).$$

Die Aenderung von (dx) ist das Ergebnis zweier Formänderungen, nämlich der Längenänderung und der Richtungsänderung des Meridian-Elementes ds. Durch Gleichsetzen der rechten Seiten der Gl. (12) und (15) erhalten wir

$$\frac{dx}{E}\left(\sigma_{t0} - \frac{\sigma_{r0}}{m}\right) + \frac{x}{E}\left(d\sigma_{t0} - \frac{d\sigma_{r0}}{m}\right) = \frac{dx}{E}\left(\sigma_{r0} - \frac{\sigma_{t0}}{m}\right) - dx\,\psi\,\mathrm{tg}\,\varphi.$$

Es werden beide Seiten dieser Gleichung mit $\frac{E}{x}$ multipliziert und die Klammern aufgelöst:

$$\frac{dx}{x}\,\sigma_{t0} - \frac{dx}{x}\frac{\sigma_{r0}}{m} + d\sigma_{t0} - \frac{d\sigma_{r0}}{m} = \frac{dx}{x}\,\sigma_{r0} - \frac{dx}{x}\frac{\sigma_{t0}}{m} - E\frac{dx}{x}\,\psi\,\mathrm{tg}\,\varphi.$$

Daraus finden wir

$$d\sigma_{t0} = (\sigma_{r0} - \sigma_{t0})\left(1 + \frac{1}{m}\right)\frac{dx}{x} - E\,\mathrm{tg}\,\varphi\,\frac{dx}{x}\,\psi + \frac{d\sigma_{r0}}{m} \qquad \text{II. Hauptgleichung.}$$

Diese Gleichung hat die Form:

$$d\sigma_{t0} = (\sigma_{r0} - \sigma_{t0})(17) - \psi(27) + \frac{d\sigma_{r0}}{m} \quad \ldots \ldots (\mathrm{IIa}).$$

Für die nur durch Fliehkräfte beanspruchte umlaufende Scheibe fand ich in meiner diesbezüglichen, eingangs erwähnten Arbeit die Ausdrücke (in die hier gewählte Bezeichnungsweise übersetzt):

$$d\sigma_{r0} = -\sigma_{r0}(\ldots) + \sigma_{t0}(\ldots) + (\ldots),$$

$$d\sigma_{t0} = (\sigma_{r0} - \sigma_{t0})\left(1 + \frac{1}{m}\right)\frac{dx}{x} + \frac{d\sigma_{r0}}{m}$$

Der Aufbau der Formel für $d\sigma_{r0}$ ist genau der gleiche wie derjenige der hier gefundenen Formel (I) für die Platte, nur daß natürlich für die (. . . .) Ausdrücke andere Werte in Frage kommen. Zu der Gleichung für $d\sigma_{t0}$ kommt laut Gl. (IIa) für die Platte gegenüber derjenigen für die umlaufende Scheibe nur noch der Summand $-\psi$ (27) hinzu. Es ist also möglich, beide Rechnungen miteinander zu vereinigen, wodurch das Mittel an die Hand gegeben wird, eine umlaufende Scheibe zu berechnen, die außer durch Fliehkräfte auch noch durch einen einseitig wirkenden, gleichmäßig verteilten Druck p belastet wird. Derartige Fälle kommen vor in Reaktions-, seltener auch in Aktionsdampfturbinen.

Unter der vorläufig noch unzutreffenden Annahme, man kenne von der Platte für den Halbmesser x die mittlere Tangentialspannung σ_{t0x}, liefert Hauptgleichung (II) den Wert für die mittlere Tangentialspannung im Halbmesser $(x + dx)$, indem man die Gleichung aufstellt:

$$\sigma_{t0\,(x\,+\,dx)} = \sigma_{t0x} + d\sigma_{t0}\ \Big|_{x}^{x\,+\,dx} \qquad \ldots \ldots \ldots \quad (16).$$

6) Berechnung von $\dfrac{d\psi}{dx}$ und ψ unter Benutzung der Momentengleichung.

Wir stellen zu diesem Zwecke für das in Fig. 3 axonometrisch dargestellte Körperelement $CDEFGHIK$ die Momentengleichung auf. Als Momentenachse greifen wir die Achse $o{-}o$ heraus, welche im Abstand $(x + dx)$ von der Symmetrieachse $z{-}z$ und senkrecht zu ihrer Richtung mitten durch die äußere Begrenzungsfläche $GHIK$ des Plattenelementes läuft. Bei Gleichgewicht muß die Summe der Momente aller äußeren Kräfte, bezogen auf die Achse $o{-}o$, gleich null sein.

An dem Plattenelement wirken folgende äußere Kräfte auf Verdrehung um die Achse $o{-}o$:

a) auf die der Symmetrieachse zugekehrte Begrenzungsfläche $CDEF$:

Die Normalspannungen, deren Wirkung ersetzt werden kann:

1) durch eine im Mittelpunkt der Fläche angreifende Einzelkraft $S = x\,d\alpha\,h\,\sigma_{r0}$ wirkend am Hebelarm $ds\sin(d\varphi)$.

2) ein Moment »M_{3r}«, auf welches später einzugehen ist.

3) die Schubkraft $Sch = x\,d\alpha\,h\,\tau_m$ am Hebelarm $ds\cos(d\varphi)$.

b) Auf die beiden Seitenflächen $GCDH$ und $EFKI$ wirken Normalspannungen, deren Einfluß ersetzt werden kann:

1) durch die Normalkraft $T \infty\,ds\,h\,\sigma_{t0}$.

Von ihr kommt als drehend um die Achse $o{-}o$ nur die Komponente $T' = T\sin\dfrac{d\alpha}{2} \infty\,T\,\dfrac{d\alpha}{2}$ in Betracht (vergl. Fig. 5). Die beiden anderen Komponenten $T'' = T\cos\dfrac{d\alpha}{2}$ verlaufen parallel zur Achse $o{-}o$ und ergeben daher kein Drehmoment (vergl. Fig. 5 und Fig. 3). Die beiden Komponenten T' wirken je am Hebelarm $\dfrac{ds}{2}\sin(\varphi + d\varphi) \infty \dfrac{ds}{2}\sin\varphi$ (siehe Fig. 4).

2) durch das Moment »M_{3t}« der Spannungen σ_t, auf welches wir später zurückkommen.

c) Normal zur unteren Begrenzungsfläche $HDEI$ und in die Mitte derselben konzentriert gedacht, wirkt die Kraft $P = \Big(x + \dfrac{dx}{2}\Big)\,d\alpha\,ds\,p$ am Hebelarm $\dfrac{ds}{2}\cdot$

[Auch hier wollen wir mit Rücksicht auf die spätere Rechnung mit kleinen Differenzen statt Differentialen von einer Vernachlässigung des Wertes $\dfrac{dx}{2}$ absehen.]

Alle die unter a, b und c genannten Momente versuchen, das Plattenelement im einen oder anderen Sinn um die Achse o—o, Fig. 3, zu drehen. Es kann in seiner Lage, d. h. im Gleichgewicht, nur dadurch gehalten werden, daß auf die äußere Begrenzungsfläche $GHIK$ das bisher noch nicht berücksichtigte Moment $M_{\sigma_r + \varDelta \sigma_r}$ wirkt, welches gleich ist der algebraischen Summe jener vorgenannten Spannungsmomente und entgegengesetztes Vorzeichen hierzu hat. Wir wollen jene Momente zuerst nach der Größe, sodann nach dem Vorzeichen bestimmen:

Zu a 1) $\qquad\qquad M_S = S\,ds\,\sin(dq) \infty S\,\dfrac{dx}{\cos\varphi}\,d\varphi.$

Nun ist

$$d\varphi = \frac{ds}{\varrho} = \frac{dx}{\varrho\cos\varphi}.$$

$$M_S = d\alpha\,(xh)\,\sigma_{ro}\,\frac{dx^2}{\varrho\cos^2\varphi} \quad\ldots\ldots\ldots\ldots\ (17).$$

Zu a 3) $\qquad\qquad M_{Sch} = Sch\,ds\,\cos(d\varphi) \infty Sch\,ds.$

Aus Gl. (10) finden wir für $Sch = (xh)\,\tau_m\,d\alpha$

$$Sch = d\alpha\left[\frac{p}{2}\left(\frac{x^2 - x_i^2}{\cos\varphi}\right) - (xh)\,\sigma_{ro}\,\operatorname{tg}\varphi\right].$$

$$M_{Sch} = d\alpha\,\frac{p}{2}\,(x^2 - x_i^2)\,\frac{dx}{\cos^2\varphi} - d\alpha(xh)\sigma_{ro}\sin\varphi\,\frac{dx}{\cos^2\varphi} \quad\ldots\ (18).$$

Zu a 2) In Fig. 8 ist das Plattenelement in gleicher Weise dargestellt, wie in Fig. 3, und es sind an dem einen Rand der inneren Begrenzungsfläche $CDEF$

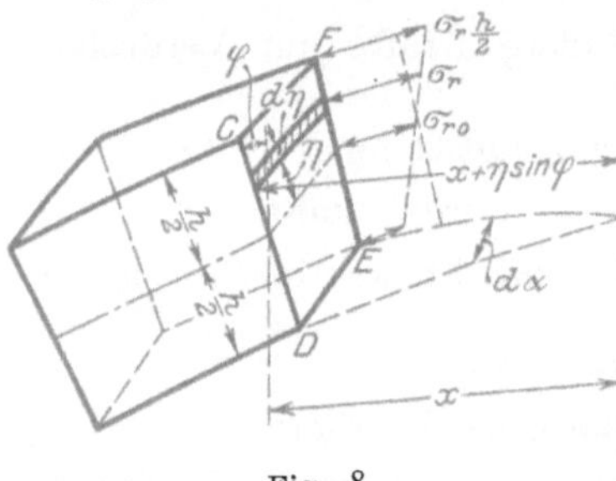

Fig. 8.

in einem gewissen Maßstab die Spannungen σ_r der Größe und Richtung nach aufgetragen. In der Mitte der Kante EF herrscht die Spannung σ_{ro}, im Abstand η von der Mitte die Spannung σ_r. Sie darf über dem gestrichelten Flächenstreifen von der Höhe $d\eta$ und der angenäherten Breite $x\,d\alpha$ als unveränderlich angenommen werden. Das Moment der Spannungsdifferenzen $(\sigma_r - \sigma_{ro})$, welches auf die Begrenzungsfläche $CDEF$ wirkt, und welches wir abkürzungsweise mit M_{σ_r} bezeichnen wollen, ist gleich der Summe aller Produkte, die aus der Multiplikation nachstehender drei Faktoren entstehen:

1) dem in Fig. 8 gestrichelten Flächenelement df,

2) dem Unterschied der in diesem Flächenelement df herrschenden Spannung σ_r gegenüber der in der Mittelfaser herrschenden Spannung σ_{ro}, also der Differenz $(\sigma_r - \sigma_{ro})$,

3) dem Abstand η des Flächenelementes von der Mittelfaser.

$$M_{\sigma_r} = \int\limits_{-\frac{h}{2}}^{+\frac{h}{2}} df(\sigma_r - \sigma_{ro})\,\eta.$$

Hierin ist

$$df = (x + \eta\sin\varphi)\,d\alpha\,d\eta.$$

Für $(\sigma_r - \sigma_{r0})$ wollen wir an Hand von Gl. (3) einsetzen

$$(\sigma_r - \sigma_{r0}) = c\,\eta\,\cos\varphi\,u,$$

wo

$$u = \left[m\,\frac{d\psi}{dx} + \frac{\psi}{x} \right] \quad \ldots \ldots \ldots \ldots \quad (19),$$

$$M_{\sigma_r} = \int\limits_{-\frac{h}{2}}^{+\frac{h}{2}} c\,\eta\,\cos\varphi\,u\,(x + \eta\sin\varphi)\,d\alpha\,d\eta\,\eta.$$

In diesem Integral ist nur η als Veränderliche, alle übrigen Größen sind als Konstante zu betrachten.

$$M_{\sigma_r} = d\alpha\,c\,\cos\varphi\,u\left[x\int\eta^2 d\eta + \sin\varphi\int\eta^3\,d\eta \right]; \quad \int\limits_{-\frac{h}{2}}^{+\frac{h}{2}}\eta^2 d\eta = \frac{h^3}{12}; \quad \int\limits_{-\frac{h}{2}}^{+\frac{h}{2}}\eta^3 d\eta = 0.$$

$$M_{\sigma_r} = d\alpha\,c\,\cos\varphi\,u\,x\,\frac{h^3}{12}.$$

Setzen wir den Wert für u wieder ein aus Gl. (19), so erhalten wir:

$$M_{\sigma_r} = d\alpha\,c\,x\,\frac{h^3}{12}\,\cos\varphi\left[m\,\frac{d\psi}{dx} + \frac{\psi}{x} \right] \quad \ldots \ldots \quad (20).$$

Wir werden später sehen, daß wir noch des Wertes dM_{σ_r} bedürfen, d. h. des Betrages, um den sich M_{σ_r} ändert, wenn wir von x um dx vorwärts gehen. Wir erhalten, indem wir die Gl. (20) nach x differenzieren:

$$dM_{\sigma_r} = d\alpha\,\frac{c}{12}\left\{ \begin{array}{l} (m\,x\,h^3\cos\varphi)\,\dfrac{d^2\psi}{dx^2}\,dx + d(m\,x\,h^3\cos\varphi)\,\dfrac{d\psi}{dx} \\[2mm] + h^3\cos\varphi\,d\psi + d(h^3\cos\varphi)\,\psi \end{array} \right\} \quad (21).$$

Zu b 1) $\qquad \Sigma M_T = 2\,T'\,\dfrac{ds}{2}\,\sin\varphi = 2\,T\sin\dfrac{d\alpha}{2}\,\dfrac{ds}{2}\,\sin\varphi.$

Statt ΣM_T wollen wir einfach setzen M_T.

$$M_T = d\alpha\,(ds\,h)\,\sigma_{t0}\,\frac{ds}{2}\,\sin\varphi,$$

$$M_T = d\alpha\left(\frac{h}{2}\,\frac{dx^2}{\cos^2\varphi}\,\sin\varphi \right)\sigma_{t0} \quad \ldots \ldots \ldots \quad (22).$$

Zu b 2) Das Moment M_{σ_t} der Spannungen σ_t, oder was das Gleiche besagt, der Spannungsdifferenzen $(\sigma_t - \sigma_{t0})$, welches auf jede der beiden Seitenflächen $GHDC$ und $KIEF$ von Fig. 3 wirkt, ist gleich der Summe aller Produkte, die aus der Multiplikation nachstehender drei Faktoren entstehen: (vergl. Fig. 9).

1) dem Flächenelement df von der Höhe $d\eta$, welches im Abstand η von der Mittel-Meridianfaser zur Kante GC parallel verläuft.

2) von dem Unterschied der in diesem Flächenelement herrschenden Spannung σ_t gegenüber der Spannung σ_{t0} in der Mittelfaser die in die Richtung senk-

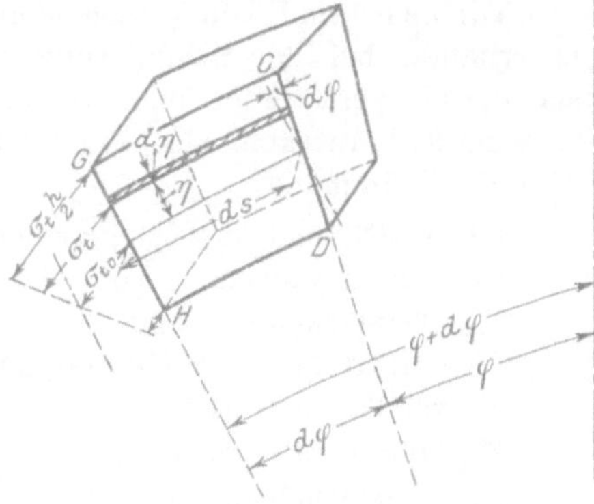

Fig. 9.

recht zur Symmetrieachse entfallende Komponente, also

$$(\sigma_t - \sigma_{t0}) \sin \frac{d\alpha}{2} \infty (\sigma_t - \sigma_{t0}) \frac{d\alpha}{2}.$$

3) dem Abstand η des Flächenelementes von der Mittelfaser, multipliziert mit $\cos \varphi$

$$M_{\sigma_t} = 2 \int\limits_{-\frac{h}{2}}^{+\frac{h}{2}} df(\sigma_t - \sigma_{t0}) \frac{d\alpha}{2} \eta \cos \varphi.$$

Hierin ist nach Fig. 9

$$df = (ds + \eta\, d\varphi) d\eta.$$

Gl. (4) besagt:

$$(\sigma_t - \sigma_{t0}) = c\,\eta \cos \varphi \left[\frac{d\psi}{dx} + m\, \frac{\psi}{x} \right].$$

Setzen wir vorübergehend als Abkürzung

$$v = \left[\frac{d\psi}{dx} + m\, \frac{\psi}{x} \right] \quad \ldots \ldots \ldots \quad (23),$$

so ist

$$M_{\sigma_t} = 2 \int\limits_{-\frac{h}{2}}^{+\frac{h}{2}} (ds + \eta\, d\varphi) d\eta\, c\,\eta \cos^2 \varphi\, v\, \frac{d\alpha}{2}\, \eta.$$

Auch hier, wie bei der Ausrechnung von M_{σ_r} sind bei der Integration alle Größen außer η als Konstante zu betrachten.

$$M_{\sigma_t} = d\alpha\, c\, v \cos^2 \varphi \left[ds \int\limits_{-\frac{h}{2}}^{+\frac{h}{2}} \eta^2 d\eta + d\varphi \int\limits_{-\frac{h}{2}}^{+\frac{h}{2}} \eta^3 d\eta \right].$$

Durch analogen Rechnungsgang wie für M_{σ_r} finden wir:

$$M_{\sigma_t} = d\alpha\, c\, dx\, \frac{h^3}{12} \left[\frac{d\psi}{dx} + m\, \frac{\psi}{x} \right] \cos \varphi \quad \ldots \ldots \quad (24).$$

Zu c)

$$M_P = P \frac{ds}{2} = ds \left(x + \frac{dx}{2} \right) d\alpha\, p\, \frac{ds}{2}.$$

$$M_P = d\alpha\, \frac{p}{2} \left(x + \frac{dx}{2} \right) \frac{dx^2}{\cos^2\varphi} \quad \ldots \ldots \ldots \quad (25).$$

Nunmehr sind von diesen Momenten noch die Vorzeichen zu bestimmen. Sie erhalten bei der Summierung das positive oder negative Vorzeichen, je nachdem sie verstärkend oder verschwächend auf die Plattenkrümmung in dem Querschnitt hinwirken, der die Drehachse o — o, Fig. 3, enthält. Es wirken auf diese Krümmung:

M_S verstärkend, also Vorzeichen +,

M_{Sch} verschwächend, also Vorzeichen —,

M_{σ_r} verstärkend, wenn die Spannungsunterschiede $(\sigma_r - \sigma_{r0})$ über der Mitte des Querschnittes positiv sind, somit dann M_{σ_r} +,

M_T verstärkend, also +,

M_{σ_t} analog M_{σ_r}, also +,

M_P verschwächend, also —.

$$M_{(\sigma_r + d\sigma_r)} = M_{\sigma_r} + M_S - M_{Sch} + M_T + M_{\sigma_t} - M_P.$$

Nun kann auch geschrieben werden:

$$M_{(\sigma_r + d\,\sigma_r)} = M_{\sigma_r} + d M_{\sigma_r},$$

und daraus ergibt sich

$$d M_{\sigma_r} = M_S - M_{Sch} + M_T + M_{\sigma_t} - M_P \quad . \quad . \quad . \quad . \quad (26).$$

Hierin setzen wir die Werte ein aus den

$$\text{Gl. (21),} \quad (17), \quad (18), \quad (22), \quad (24), \quad (25).$$

Alle diese Werte enthalten $d\alpha$, welchen Wert wir besonders vorangestellt haben, als Hinweis darauf, daß man damit kürzen kann. Es bleibt:

$$\frac{c}{12}\left[(m x h^3 \cos\varphi)\frac{d^2\psi}{dx^2}\,dx + d(m x h^3 \cos\varphi)\frac{d\psi}{dx} + h^3\cos\varphi\,d\psi + d(h^3\cos\varphi)\psi \text{ aus (21)}\right.$$

$$= \begin{cases} \sigma_{r0}(x h)\dfrac{dx^2}{\varrho\cos^2\varphi} \cdot \quad . \quad . \quad . \quad . \quad . \quad . \quad . \quad . \quad . \quad . \text{ aus (17)} \\[2ex] -\dfrac{p}{2}(x^2 - x_i^2)\dfrac{dx}{\cos^2\varphi} + \sigma_{r0}(x h)\sin\varphi\,\dfrac{dx}{\cos^2\varphi} \quad . \quad . \quad . \text{ aus (18)} \\[2ex] +\sigma_{t0}\dfrac{h}{2}\dfrac{dx^2}{\cos^2\varphi}\sin\varphi \quad . \quad . \quad . \quad . \quad . \quad . \quad . \quad . \quad . \text{ aus (22)} \\[2ex] +c\dfrac{h^3}{12}d\psi\cos\varphi + c\dfrac{h^3}{12}dx\,m\dfrac{\psi}{x}\cos\varphi \quad . \quad . \quad . \quad . \text{ aus (24)} \\[2ex] -\dfrac{p}{2}\left(x + \dfrac{dx}{2}\right)\dfrac{dx^2}{\cos^2\varphi} \quad . \quad . \quad . \quad . \quad . \quad . \quad . \quad . \text{ aus (25).} \end{cases}$$

Die Multiplikation dieser Gleichung mit $\dfrac{12}{c\,dx}$ gibt

$$\frac{d^2\psi}{dx^2} = \frac{1}{m x h^3 \cos\varphi}\begin{cases} -\dfrac{d\psi}{dx}\dfrac{d(m x h^3 \cos\varphi)}{dx} \\[2ex] +\psi\left[-\dfrac{d(h^3\cos\varphi)}{dx} + \dfrac{m h^3}{x}\cos\varphi\right] \\[2ex] +\sigma_{r0}\dfrac{12}{c}\dfrac{x h}{\cos^2\varphi}\left[\dfrac{dx}{\varrho} + \sin\varphi\right] \\[2ex] +\sigma_{t0}\dfrac{12}{c}\dfrac{h}{2}\dfrac{dx}{\cos^2\varphi}\sin\varphi \\[2ex] -\dfrac{p}{2}\dfrac{12}{c}\dfrac{1}{\cos^2\varphi}\left[x^2 - x_i^2 + \left(x + \dfrac{dx}{2}\right)dx\right] \end{cases} \quad \begin{matrix}\text{III.}\\ \text{Haupt-}\\ \text{gleichung}\end{matrix}$$

Diese Hauptgleichung hat die schematische Form:

$$\frac{d^2\psi}{dx^2} = \frac{1}{(40)}\left\{(32)\,\sigma_{r0} + (36)\,\sigma_{t0} - (42)\frac{d\psi}{dx} + (49)\,\psi - (51)\right\} \quad . \quad . \quad (\text{III a}),$$

wo die in den runden Klammern ( ) stehenden Ziffern Faktoren bedeuten, welche lediglich abhängig sind von der Form und der äußeren Belastung p der Platte, nicht aber z. B. von der Randbedingung, d. h. davon, ob die Platte am Rand eingespannt sei oder frei aufliege. Ob die Platte in der Mitte eine Bohrung hat oder nicht, kommt lediglich im Summand (51) zum Ausdruck, indem dort der Summand x_i^2 einen von null verschiedenen Wert erhält oder nicht. Da ferner die Platte nicht eben zu sein braucht, sondern in jedem Punkt der Meridianmittelfaser eine andere Krümmung mit dem veränderlichen Halbmesser ϱ und außerdem eine von Punkt zu Punkt etwas veränderliche Dicke h haben kann, so ist dieses Rechnungsverfahren anwendbar auf gewölbte wie ebene ($\varrho = \infty$, $\varphi = 0$) Platten, volle und in der Mitte gelochte, am Außenrand frei aufliegende oder eingespannte Platten von veränderlicher Dicke.

Nach Ausrechnung der Gl. (III) erhalten wir:

$$\frac{d\psi}{dx}\bigg|_{x+dx} = \frac{d\psi}{dx}\bigg|_{x} + \frac{d^2\psi}{dx^2}\,dx \quad . \quad . \quad . \quad . \quad . \quad . \quad (27)$$

$$\psi_{x+dx} = \psi_x + \frac{d\psi}{dx}\bigg|_{x}\,dx \quad . \quad . \quad . \quad . \quad . \quad . \quad (28).$$

Hierbei erinnern wir uns stets, daß wir bei der Ausrechnung statt des unendlich kleinen Differentials eine zwar kleine, aber endliche Differenz $dx = x_2 - x_1$ einzusetzen haben.

Gang der Rechnung.

Für irgend einen Halbmesser x_2 der Meridian-Mittelfaser können mit Hülfe der drei Hauptgleichungen (I), (II) und (III) und der Nebengleichungen (11), (16) und (27), (28) die Werte σ_{r0}, σ_{t0} und ψ berechnet werden, wenn die korrespondierenden Werte für den um das endliche, aber kleine Stück (dx) verschiedenen Halbmesser x_1 bekannt sind.

Um die Werte der Normalspannungen und der Winkeländerungen für alle Punkte der Mittelfaser zu erhalten, nehmen wir für irgend einen Punkt dieser Faser Werte an und rechnen für alle aufeinanderfolgenden Werte von (dx) nach den Gl. (I), (II), (III) die Aenderungen der Normalspannungen und der Winkeländerung und sodann die Spannungen und Winkeländerung selbst aus. Am besten beginnt man innen an der Platte.

Stimmt nach der erstmaligen Durchrechnung das Endergebnis nicht mit den Randbedingungen, so ist die Rechnung von innen bis außen zu wiederholen. Während man aber bei der oben erwähnten Berechnung der umlaufenden Scheibe beim Beginn einer Durchrechnung nur mit einer Unbekannten (σ_t) zu variieren brauchte, sind es hier deren zwei, wie wir noch sehen werden.

Regeln für den Beginn der Ausrechnung.

1. Fall: Die Platte hat in der Mitte keine Bohrung. $x_i = 0$.

Für irgend einen auf der Symmetrieachse im Abstand η von der Mittelfaser entfernten Punkt ist

$$\sigma_{r\eta_i} = \sigma_{t\eta_i}.$$

Für den Schnittpunkt der Symmetrieachse mit der Mittelfaser des Meridianquerschnittes ist im besonderen

$$(\text{für } x = 0) \qquad \sigma_{r0i} = \sigma_{t0i}.$$

Es sei aber ganz besonders erwähnt, daß wegen der Durchbiegung der Platte

$$\sigma_{r0i} =\!|\!= \sigma_{r\eta_i}.$$

In einer besonderen Zahlentafel, wir wollen sie »Haupttafel« nennen, stellen wir alle in den für die ganze Durchrechnung erforderlichen Gleichungen vorkommenden Faktoren zusammen, welche abhängen von der Form und der vorgeschriebenen Belastung der Platte, nicht aber von den für die einzelnen Durchrechnungen zu machenden Annahmen. In welcher Weise dies geschieht, werden wir später an Hand eines Zahlenbeispieles zeigen. Wir wollen also voraussetzen, daß wir die in den Hauptgleichungen (Ia), (IIa) und (IIIa) durch die in ( ) stehenden Ziffern dargestellten festen Faktoren von vornherein festgestellt haben.

Nun wählen wir einen ersten Wert für $\sigma_{r0i} = \sigma_{t0i}$; es sei dies $\sigma'_{r0i} = \sigma'_{t0i}$ und erhalten für ein erstes Intervall von der Größe dx nach Gl. (Ia) den Wert $d\sigma_{r0}$ und sodann nach Gl. (11)

$$\sigma_{t0} \quad \text{für} \quad x = 0 + dx.$$

Um mit der ersten Wahl $\sigma'_{r0i} = \sigma'_{t0i}$ nicht gar zu weit neben das Ziel zu schießen, machen wir folgende Ueberlegung: Der in Fig. 1 dargestellte Meridianschnitt (Plattenquerschnitt) erleidet eine mittlere Tangentialspannung σ_t^*, die man erhält, indem man die Projektion der Plattenkuppe auf die Meridianebene, d. i. die Fläche $A_1 J A_2 J_1 A_1$ mit der spezifischen äußeren Belastung p multipliziert und dieses Produkt durch den Flächeninhalt des von A_1 über J bis A_2 gemessenen Plattenquerschnittes $= \Sigma(dsh)$ dividiert.

$$\sigma_t^* = \frac{(\text{Fläche } A_1 J A_2 J_1 A_1) p}{\Sigma(dsh)}$$

$$\sigma'_{t0i} \text{ ist zu wählen} = k\,\sigma_t^*,$$

wo k in der Regel größer als 1.

Für die Anwendung der Hauptgleichung (IIa) kennen wir für das erste Intervall bereits $d\sigma_{r0}$. Die übrigen Summanden in Gl. (IIa) sind für dieses erste Intervall $= 0$, weil

$$\text{für} \quad x = 0 \quad (\sigma_{r0} - \sigma_{t0}) = 0$$
$$\text{» } \quad x = 0 \quad \psi = 0.$$

Es ist also $\quad\quad\text{» } \quad x = 0 \quad d\sigma_{t0} = \dfrac{d\sigma_{r0}}{m}.$

Hiernach wird Gl. (16) angewendet.

Um nun mittels der Hauptgleichung (IIIa) für das erste Interval dx den Ausdruck $\dfrac{d^2\psi}{dx^2}$ berechnen zu können, ist vorerst eine zweite Schätzung erforderlich, und zwar für $\left(\dfrac{d\psi}{dx}\right)_{x=0}$, nachdem wir ja vorher bereits σ_{t0i} abschätzen mußten. Es fällt aber insbesondere dem in derartigen Rechnungen noch Ungeübten schwer, solche Winkelfunktionen auch nur einigermaßen annähernd abzuschätzen. Man hat eher Gefühl für die Wahl spezifischer Spannungen. Es empfiehlt sich daher, für $x = 0$ nicht $\dfrac{d\psi}{dx}$, sondern den äquivalenten Wert $\sigma_{t\frac{h}{2}i}$, d. h. die Spannung in der Begrenzungsfaser, also im Abstand $\eta = \dfrac{h}{2}$ von der Mittelfaser abzuschätzen. Sie ist natürlich im allgemeinen von σ_{t0i} verschieden.

Nun ist nach Gl. (4):

$$\sigma_t = \sigma_{t0} + c\,\eta\,\cos\varphi\left[\frac{d\psi}{dx} + m\frac{\psi}{x}\right]$$

$$\text{für} \quad x = 0 \text{ ist } \cos\varphi = 1; \text{ für } \eta = \frac{h}{2} \text{ ist } \sigma_t = \sigma_{t\frac{h}{2}}.$$

$$\text{» } \quad x = 0 \quad \text{» } \quad \psi = 0.$$

Damit ist aber noch nichts gesagt über das Verhältnis $\dfrac{\psi}{x} = \dfrac{0}{0}$. Wir finden jedoch für diesen Quotienten einen Anhalt, wenn wir bedenken, daß

$$\text{für} \quad x = dx \ldots \psi = d\psi;$$
$$\text{» } \quad x = dx \ldots \frac{\psi}{x} = \frac{d\psi}{dx}.$$

Von $x = dx$ bis zurück auf $x = 0$ ändert sich der Ausdruck $\dfrac{\psi}{x}$ unendlich wenig, so daß wir auch für $x = 0$ setzen dürfen $\dfrac{\psi}{x} = \dfrac{d\psi}{dx}$.

Es ist also für $x = 0$ und $\eta = \dfrac{h}{2}$

$$\sigma_{t\frac{h}{2}} = \sigma_{t0} + c\,\frac{h}{2}\left[\frac{d\psi}{dx} + m\,\frac{d\psi}{dx}\right],$$

für $x = 0$:

$$\frac{d\psi}{dx}\bigg|_{x=0} = \frac{\sigma_{t\frac{h}{2}} - \sigma_{t0}}{c\,\dfrac{h}{2}(1 + m)} \quad\dots\dots\dots\dots\quad (29).$$

Sind also für σ_{t0} und $\sigma_{t\frac{h}{2}}$ die ersten Schätzungen getroffen, so kann danach für das erste Intervall dx das $\dfrac{d\psi}{dx}$ berechnet werden, und damit sind auch für die letzte der drei Hauptgleichungen, d. i. für (III a) alle Unterlagen geschaffen.

2. Fall: Die Platte hat in der Mitte eine kreisrunde Bohrung vom Halbmesser x_i.

Eine einfache Ueberlegung zeigt, daß für

$$x = x_i \qquad \sigma_{r0i} = 0$$
$$\sigma_{r\eta i} = 0,$$

also auch
$$\sigma_{r\frac{h}{2}i} = 0.$$

Für das zugehörige σ_{t0i} muß ein erster Wert abgeschätzt werden; hierfür sind die gleichen Erwägungen und Hülfsmittel zu empfehlen, wie im Fall 1. Nur ist hier für σ_{t0i} gegenüber dem Mittelwert σ_t^* in der Regel noch ein weit größerer Zuschlag zu machen, insbesondere dann, wenn dem Einfluß der Bohrung nicht durch eine kräftige Versteifung des inneren Scheibenrandes in Form einer Nabe begegnet wird, wie dies in Fig. 10 schematisch dargestellt ist. Unter Berücksichtigung des eingangs dieses Abschnittes Gesagten geht

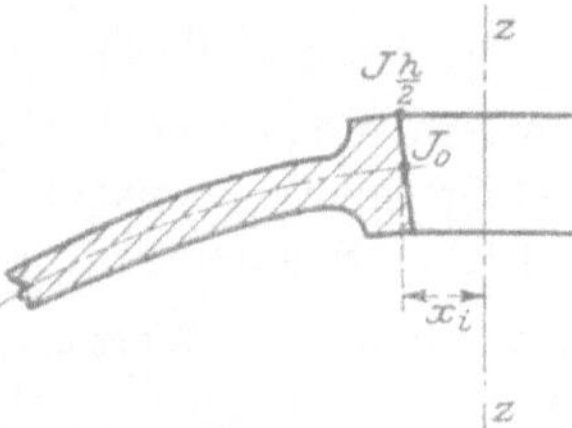

Fig. 10.

Gl. (3) für den besonderen Fall, daß $x = x_i$ und $\eta = \dfrac{h}{2}$, über in die Form

$$0 = 0 + c\,\frac{h}{2}\cos\varphi\left[m\,\frac{d\psi}{dx} + \frac{\psi}{x}\right],$$

demnach muß für $x = x_i$

$$\frac{d\psi}{dx} = -\frac{1}{m}\frac{\psi}{x_i} \quad\dots\dots\dots\dots\quad (30)$$

sein. Diese Beziehung, eingesetzt in Gl. (4), gibt für $x = x_i$ und $\eta = \dfrac{h}{2}$

$$\sigma_{t\frac{h}{2}i} = \sigma_{t0i} + c\,\frac{h}{2}\cos\varphi\left[-\frac{1}{m}\frac{\psi}{x_i} + m\,\frac{\psi}{x_i}\right]$$

$$= \sigma_{t0i} + c\,\frac{h}{2}\cos\varphi\left[\frac{m^2 - 1}{m}\frac{\psi}{x_i}\right],$$

für $x = x_i$

$$\psi_i = \left[\sigma_{t\frac{h}{2}i} - \sigma_{t0i}\right]\left(\frac{m\,x_i}{m^2 - 1}\right)\frac{1}{c\,\dfrac{h}{2}\cos\varphi}.$$

Sobald wir also für $x = x_i$ außer dem für den Punkt J_0 in Fig. 10 gültigen Wert σ_{t0i} noch den Wert $\sigma_{t\frac{h}{2}i}$ für $J\frac{h}{2}$ abschätzen, liefert die letzte Gleichung den zugehörigen Wert für die Winkeländerung $\psi_i = \varDelta\,\varphi_i$.

Berücksichtigt man überdies, daß wir früher setzten $c = \dfrac{m\,E}{m^2 - 1}$, so geht diese letzte Gleichung über in die etwas einfachere Form

$$\psi_i = \left[\sigma_{t\frac{h}{2}i} - \sigma_{t0i}\right] \frac{x_i}{E} \frac{1}{\dfrac{h}{2}\cos\varphi_i} \quad\ldots\ldots\ldots\ (31).$$

Damit sind alle Unterlagen geschaffen für Anwendung der Hauptgleichungen (I), (II), (III) oder (Ia), (IIa) und (IIIa).

Wir können nunmehr die Radial- und Tangentialspannungen und die Winkeländerung in allen Punkten des Plattenquerschnittes vom inneren Rand bis zur Auflage und der Einspannstelle am äußeren Rand berechnen.

Randbedingungen.

In Anlehnung an die Radscheibenberechnung wollen wir hierunter die Bedingungen verstehen, unter welchen die Platte am äußeren Rand unterstützt ist, und besonders die beiden Fälle herausgreifen, in denen die Platte am Außenrand frei aufliegt oder fest eingespannt ist. Um Verwechslungen vorzubeugen, möge mit der Numerierung der »Fälle« einfach weiter gefahren werden.

3. Fall: Die Platte liegt am äußeren Rand frei auf, Fig. 11.

Die Mittelfaser des Meridianschnittes endige im Halbmesser x_a. Wir betrachten die Auflagefläche der Platte als Mantel eines Kegelstumpfes, dessen Er-

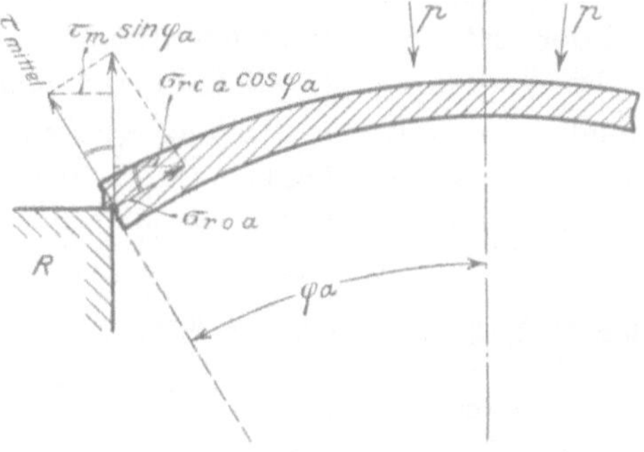

Fig. 11.

zeugende die Länge h_a haben. Sie erleidet in Richtung der Symmetrieachse $z-z$ einen Gesamtschub von der Größe

$$\varSigma P_a{}' = (x_a{}^2 - x_i{}^2)\,\pi p.$$

Diese Kraft erzeugt im Auflagepunkt des Plattenrandes, Fig. 11, in Richtung der Meridian-Mittelfaser eine mittlere Radialspannung σ_{r0a}. Zu deren Berechnung führt folgender Weg: Wir denken uns in der Mitte des äußeren Begrenzungs-Kegelmantels ringsum eine Kerbe eingedreht, deren eine Fläche eben und zur Symmetrieachse senkrecht gerichtet ist. Mit dieser Ebene liegt die Platte auf einem im Raum starren Ring R auf. Der Ring R kann nur Kräfte parallel zur Symmetrieachse, nicht aber senkrecht dazu gerichtete Kräfte und auch kein Moment auf die Platte übertragen. Die für 1 cm des Umfanges vom Widerlagerring R auf die Platte übertragene Kraft kann zerlegt werden in zwei Komponenten:

    1) in die Normalkraft $= \sigma_{r0a} h_a$ 1.
    2) in die Schubkraft $= \tau_{\text{mittel}} h_a$ 1.

Weil der Ring R keine Kraftkomponente in Richtung senkrecht zur Symmetrieachse ausüben kann, so muß die Summe der in die Richtung des Halbmessers x entfallenden Komponenten der unter 1) und 2) genannten Kräfte gleich null sein.

Wir finden hierfür an Hand der Fig. 11 folgende Gleichung:

$$(\tau_{\text{mittel}} h_a\, 1) \sin q_a - (\sigma_{r0a} h_a\, 1) \cos q_a = 0,$$

demnach

$$\tau_{\text{mittel}} = \sigma_{r0a}\, \frac{\cos q_a}{\sin q_a}.$$

Der ganze Ring R übt auf die Platte eine Widerlagerkraft aus:

$$[(\tau_{\text{mittel}} h_a\, 1) \cos q_a + (\sigma_{r0a} h_a\, 1) \sin q_a]\, 2\,\pi x_a.$$

Sie ist gleich der **Kraft**, welche der äußere Ueberdruck p in Richtung der Symmetrieachse auf die Platte ausübt.

Wir finden also:

$$[\tau_{\text{mittel}} h_a \cos q_a + \sigma_{r0a} h_a \sin q_a]\, 2\,\pi x_a = (x_a{}^2 - x_i{}^2)\,\pi p \quad \ldots \quad (32).$$

Aus der vorhergehenden Gleichung substituieren wir den Wert für τ_{mittel} und erhalten:

$$2\,\pi x_a h_a \left(\sigma_{r0a}\, \frac{\cos^2 q_a}{\sin q_a} + \sin q_a \right) = (x_a{}^2 - x_i{}^2)\,\pi p.$$

$$\sigma_{r0a} = \frac{x_a{}^2 - x_i{}^2}{x_a}\, \frac{p}{2\,h_a}\, \sin q_a \quad \ldots \quad \ldots \quad \ldots \quad (32\,\text{a}).$$

Ist am Außenrand der Platte die Meridian-Mittelfaser normal zur Symmetrieachse $z - z$ gerichtet, also $q_a = 0$, so ist laut Gl. (32a) auch $\sigma_{r0a} = 0$.

Als zweite Randbedingung gilt für den Fall 3), wo die Platte am Rand frei aufliegt, die Bedingung, daß im äußersten Querschnitt keine Biegungsspannungen herrschen dürfen, daß also dort das Moment der inneren Spannungen

$$M_{\sigma_{ra}} = 0$$

sein muß. Dies ist der Fall, wenn in Gl. (20) für

$$x = x_a \ldots \left[m\, \frac{d\psi}{dx} + \frac{\psi}{x} \right] = 0 \quad \ldots \quad \ldots \quad (33),$$

wenn also für

$$x = x_a \ldots m\, \frac{d\psi}{dx} = -\frac{\psi}{x} \quad \ldots \quad \ldots \quad \ldots \quad (33\,\text{a}).$$

Es müssen nun für $x = x_i$ die Werte σ_{t0i} und $\sigma_{t\frac{h}{2}i}$ solange geändert, und für jedes Wertepaar muß die ganze Intervallrechnung durchgeführt werden, bis die in den Gl. (32a) und (33) ausgedrückten Randbedingungen mit hinreichender Annäherung in Erfüllung gehen.

Am besten geht man dann so vor, daß man in einem Dreikoordinatensystem, ż. B. in Richtung der x-Achse die für die verschiedenen Durchrechnungen angenommenen Werte σ_{t0i}, in Richtung der y-Achse die Werte $\sigma_{t\frac{h}{2}i}$, aufträgt und sodann senkrecht über dem durch zwei zusammengehörige Werte fixierten Punkt der $(x - y)$-Ebene einmal den Wert σ_{r0a}' und den Klammerausdruck $\left[m \dfrac{d\psi}{dx} + \dfrac{\psi}{x} \right]$ in passendem Maßstab bildlich darstellt. Weicht $\sigma_{r'0a}$ ab vom Wert σ_{r0a}, der durch Gl. (32a) festgelegt ist, und wird der Klammerausdruck $[\ ]$ nach Gl. (33) für x_a nicht gleich null, so sind für σ_{t0i} und $\sigma_t \frac{h_i}{2}$ neue Annahmen zu treffen. Das graphische Bild im Dreikoordinatensystem zeigt den Weg zu einer zweckmäßigen Interpolation.

4. Fall: Die Platte ist außen eingespannt. Hierzu Fig. 12.

Der allgemeinere Fall wäre nun der, daß man annimmt, die die Platte haltende Wandung sei für sich auch drehbar. Das würde aber zu einer endlosen Rechnung führen. Wir wollen uns daher auf den etwas engeren Fall beschränken, der Querschnitt der zylindrischen Außenwandung sei nicht nach innen oder außen drehbar, sondern ändere unter dem Einfluß der Platte einerseits und des Ueberdruckes p anderseits lediglich seinen Durchmesser, und zwar ist die Aenderung dieses Durchmessers gleich der Aenderung des Außendurchmessers ($2\,x_a$) der Platte.

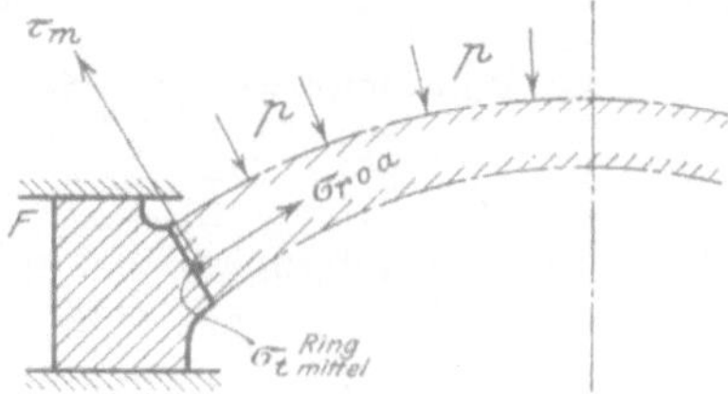

Fig. 12.

Daß die Platte an der Uebergangstelle zum zylindrischen Mantel nicht drehbar eingespannt sei, läßt sich durch die Bedingungsgleichung ausdrücken

$$\text{für } x = x_a \ldots \psi_a = 0 \quad\ldots\quad\ldots\quad\ldots\quad (34).$$

Zwischen der im Stützring sich bildenden mittleren Tangentialspannung σ_{mittel} und den an der Uebergangstelle von der Platte zum Ring herrschenden mittleren Normal- und Schubspannungen, d. i. σ_{r0a} bezw. τ_{mittel}, lassen sich folgende Beziehungen aufstellen:

Der Ring habe einen Querschnitt F, dann ist

$$2\,\sigma_{\text{mittel}}\,F = 2\,x_a h_a\,(\sigma_{r0a}\cos\varphi_a - \tau_{\text{mittel}}\sin\varphi_a).$$

$$\underset{\text{im Stützring}}{\sigma_{\text{mittel}}} = \frac{x_a h_a}{F}\,(\sigma_{r0a}\cos\varphi_a - \tau_{\text{mittel}}\sin\varphi_a) \quad\ldots\quad\ldots\quad (35).$$

Der Zusammenhang zwischen σ_{r0a} und τ_{mittel} am Plattenrand geht aus Gl. (32) hervor.

Unter dem Einfluß der Tangentialspannung σ_{mittel} dehnt sich der mittlere Halbmesser des inneren Begrenzungskegels vom Stützring, d. i. x_a, um die Strecke

$$\Delta x_a' = x_a \frac{\sigma_{\text{mittel}}}{E}.$$

Der Außenhalbmesser x_a der Platte erfährt eine Dehnung

$$\Delta x_a'' = \frac{x_a}{E}\left(\sigma_{t0a} - \frac{\sigma_{r0a}}{m}\right).$$

Unter der Bedingung, daß die Platte sich vom Ring nicht lösen und ihm gegenüber nicht verschieben darf, muß sein

$$\Delta x_a' = \Delta x_a'',$$

also

für den Ring: für die Platte:

$$\sigma_{\text{mittel}} = \left(\sigma_{t0a} - \frac{\sigma_{r0a}}{m}\right) \quad\ldots\quad\ldots\quad\ldots\quad (36).$$

4*

Die aus den Gl. (35) und (36) berechneten Werte für σ_{mittel} des Ringes müssen miteinander übereinstimmen. Bis dies der Fall und die Bedingungsgleichung (34) erfüllt ist, muß mit dem Wertepaar σ_{t0i} und $\sigma_{t\frac{h}{2}i}$ variiert werden.

5. Fall: Die Platte ist am Rande so befestigt, daß ihr Außendurchmesser sich nicht ändern kann.

Dies drückt sich aus durch die Bedingung: $\Delta x_a = 0$; dann ist auch $\dfrac{\Delta x_a}{x_a} = 0$

und weil $\dfrac{\Delta x_a}{x_a} = \varepsilon_{t0a}$, so muß auch $\varepsilon_{t0a} = 0$ sein.

Nun ist laut Elastizitätslehre [1]):

$$\varepsilon_{t0a} = \frac{1}{E}\left(\sigma_{t0a} - \frac{\sigma_{r0a}}{m}\right).$$

ε_{t0a} kann nur $= 0$ werden, wenn

$$\sigma_{t0a} = \frac{\sigma_{r0a}}{m} \quad . \quad . \quad . \quad . \quad . \quad . \quad . \quad . \quad (36\,a).$$

Diese Begingungsgleichung dafür, daß der Außendurchmesser x_a unverändert bleibe, hat ihre Gültigkeit ganz unabhängig davon, ob die Platte am Rand so gestützt ist, daß ihr äußerster Querschnitt sich noch drehen kann (ψ_a nicht $= 0$) oder zugleich so eingespannt ist, daß dies nicht möglich ($\psi_a = 0$), wie dies als »4. Fall« behandelt wurde.

*   *   *

Um zu diesen vorläufigen Schlußergebnissen zu gelangen, haben wir uns bisher nur der Hauptgleichungen (Ia), (IIa) und (IIIa) bedient und uns also stillschweigend nur um die Normalspannungen in der Mittelfaser gekümmert. Ist erst ein Wertepaar σ_{t0i} und $\sigma_{t\frac{h}{2}i}$ so gefunden, daß die sich hierauf stützende Durchrechnung der Gl. (I) bis (III) von Intervall zu Intervall die Randbedingungen erfüllt, so können mit Hülfe der Gl. (3) und (4) für jeden im Abstand η von der Meridianmittelfaser liegenden Punkt die Radialspannung σ_r und die Tangentialspannung σ_t berechnet werden. Man wird sich jedoch darauf beschränken, dies für die auf der äußeren und inneren Plattenoberfläche gelegenen Punkte zu tun, deren Abstand von der Mittelfaser

$$\eta = \pm \frac{h}{2} \quad \text{ist.}$$

Zwischenliegende Werte ändern sich in einem linearen Verhältnis mit dem Abstand η.

Trägt man in einem axonometrischen Bild den Meridianschnitt durch die Platte und senkrecht dazu einmal die Radial-, sodann die Tangentialspannung auf, so erhält man ein äußerst anschauliches Bild von dem Verlauf der spezifischen Beanspruchungen über den ganzen Plattenquerschnitt. Dieses Bild wird zeigen, wo in der Platte schwache Stellen sind, wo sie verstärkt werden sollte, wo andererseits an Material gespart werden dürfte, um die Platte einem Körper gleicher Festigkeit bestmöglich anzupassen.

Natürlich kann jeder der soeben behandelten Fälle 1) und 2) mit jedem der Fälle 3) bis 5) vereinigt werden, so daß also unser Verfahren die Berechnung von Platten zuläßt, die in der Mitte voll oder durchbrochen und am Rand frei aufliegend oder eingespannt und so gestützt sind, daß sich ihr Außenhalbmesser (x_a) ändern kann oder nicht.

---

[1]) s. Föppl 1909 Band III S. 246.

Durchbiegung der gewölbten Platte.

Haben wir im Vorstehenden für jeden Punkt des Plattenquerschnittes die Radial-, die Tangentialspannung und die Winkeländerung berechnet, so sind wir damit in der Lage, die Durchbiegung ermitteln zu können. Es genügt, wenn wir hierbei nur die Mittelfaser in Betracht ziehen, welche der Radialspannung σ_{r0} und der Tangentialspannung σ_{t0} ausgesetzt ist.

Wir schlagen denselben Weg ein, den v. Bach für die Ermittlung der Durchbiegung eines gekrümmten Balkens gezeigt hat[1].

In Fig. 13 sei durch den Linienzug J—A lediglich die Mittelfaser einer gewölbten Platte dargestellt. Aus ihr greifen wir ein beim Punkt P gelegenes Element von der Länge ds heraus.

Wir berechnen vorerst die Verschiebung des zweiten Endpunktes C dieses Elementes gegenüber dem Punkt P. Während der Belastung der Platte durch die äußere spezifische Spannung p gelangt das Faserelement aus der Lage P—C vom unbelasteten Zustand in die Lage P'—C'' des endgültig belasteten Zu-

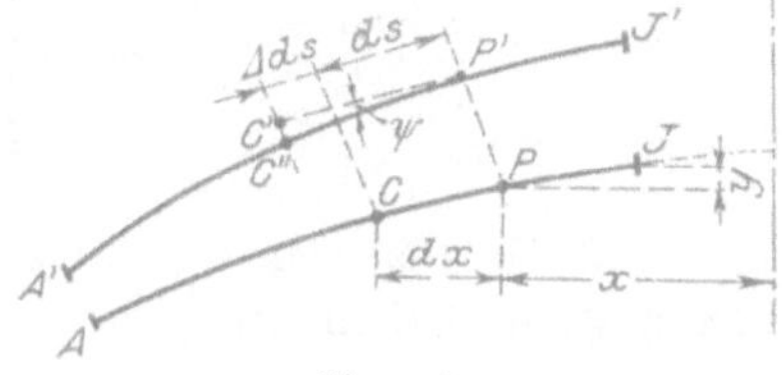

Fig. 13.

standes. Diese Veränderung kann als in zwei Phasen ausgeführt gedacht werden:

1) Verschiebt sich das Element aus der Lage P—C zu sich selbst parallel und dehnt sich unter dem Einfluß der Längsspannung σ_{r0} und der Querspannung σ_{t0} um den Betrag

$$\varDelta\,(ds) = \frac{ds}{E}\left(\sigma_{r0} - \frac{\sigma_{t0}}{m}\right).$$

Hierbei gelangt es in die Lage P'—C'.

2) Dreht es sich aus dieser Lage um den Winkel ψ in die Lage P'—C''. Wie wir schon bei Berechnung der Spannung σ_{t0} sahen, ändert sich hierbei die x-Koordinate des Punktes C gegenüber dem Punkt P um den Betrag

$$\varDelta\,(dx) = \varDelta\,(ds)\cos\varphi - C'\,C''\sin\varphi$$
$$= \frac{ds}{E}\left(\sigma_{r0} - \frac{\sigma_{t0}}{m}\right)\cos\varphi - ds\,\psi\,\sin\varphi$$
$$\varDelta\,(dx) = \frac{dx}{E}\left(\sigma_{r0} - \frac{\sigma_{t0}}{m}\right) - dy\,\psi \quad\ldots\ldots\quad (37).$$

Die y-Koordinate des Punktes C ändert sich gegenüber dem Punkt P um den Betrag

$$\varDelta\,(dy) = \varDelta\,(ds)\sin\varphi + C'\,C''\cos\varphi$$
$$= \frac{ds}{E}\left(\sigma_{r0} - \frac{\sigma_{t0}}{m}\right)\sin\varphi + ds\,\psi\,\cos\varphi$$
$$\varDelta\,(dy) = \frac{dy}{E}\left(\sigma_{r0} - \frac{\sigma_{t0}}{m}\right) + dx\,\psi \quad\ldots\ldots\quad (38).$$

(Hierbei setzen wir als Regel, die y-Koordinate in Fig. 13 von der Höhe des Punktes J aus von oben nach unten positiv zu zählen.)

Der Punkt C ändert während der allmählich vor sich gehenden Durchbiegung der Platte seine Koordinaten gegenüber dem Punkt J um die Werte

$$\varDelta\,x_J^C = \Sigma_J^C\,\varDelta\,(dx) \quad\ldots\ldots\ldots\quad (39)$$
$$\varDelta\,y_J^C = \Sigma_J^C\,\varDelta\,(dy) \quad\ldots\ldots\ldots\quad (40).$$

Gemäß unserer bisher geübten Rechnungsweise setzen wir statt der unendlich kleinen Differentiale dx und dy die endlich kleinen Intervalle dx und dy ein.

---

[1] s. Bach »Elastizitäts- und Festigkeitslehre« 1902 S. 485.

Will man die Aenderung der x-Ordinate des Punktes C in bezug auf die Symmetrieachse z—z, Fig. 13, berechnen, so ist zu berücksichtigen, daß die Ordinate des Punktes J sich bereits ändert um den Betrag

$$\Delta x_J = \frac{x_J}{E}\left(\sigma_{t0} - \frac{\sigma_{r0}}{m}\right) \quad\ldots\ldots\ldots\ldots\quad (41).$$

Dieser Wert ist zu dem in Gl. (39) aufgestellten Wert zu addieren, um die Gesamtzunahme der x-Ordinate des Punktes C gegenüber der Symmetrieachse zu erhalten.

Wir finden also für diesen Punkt

$$\Delta x_C = \begin{cases} \Sigma_J^C\left[\dfrac{dx}{E}\left(\sigma_{r0} - \dfrac{\sigma_{t0}}{m}\right)\right] \\[2mm] -\ \Sigma_J^C\left[\psi\, dy\right] \\[2mm] +\ \dfrac{x_J}{E}\left(\sigma_{t0} - \dfrac{\sigma_{r0}}{m}\right)_{x\,=\,x_J} \end{cases} \quad\ldots\ldots\ldots\quad (42).$$

Hat die Platte in der Mitte kein Loch, so fällt der letzte Summand natürlich weg, weil dann $x_J = 0$.

$$\Delta y_C = \Sigma_J^C\left[\frac{dy}{E}\left(\sigma_{r0} - \frac{\sigma_{t0}}{m}\right)\right] + \Sigma_J^C\left(\psi\, dx\right) \quad\ldots\ldots\ldots\quad (43).$$

Man schafft sich ein anschauliches Bild von der Formänderung der Platte, wenn man die Koordinatenänderung eines jeden Punktes der Meridian-Mittelfaser in viel größerem, und zwar dem 20- bis 100fachen Maßstab aufzeichnet gegenüber den Koordinaten selbst.

Zahlenbeispiele.

Das entwickelte Rechnungsverfahren soll nun angewendet werden auf einige Zahlenbeispiele:

Wir wählen als erstes Beispiel den in Fig. 14 dargestellten gewölbten gußeisernen Deckel, wie ein solcher in den Werkstätten von Escher, Wyß & Cie.

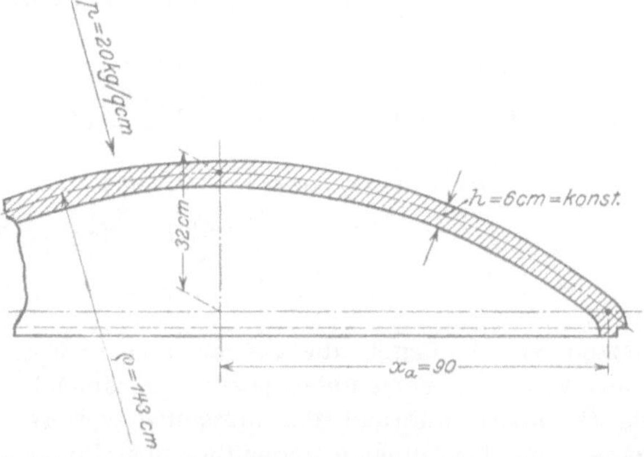

Fig. 14. I. 1 : 20.

in Zürich dazu verwendet wird, die Gehäuse von Dampfturbinen probehalber abzupressen. Es ist dies also ein Hülfsboden, der nicht zur Lieferung der Turbine gehört.

Der Boden ist gemäß Fig. 14 in der Mitte voll, hat eine gleichmäßige Wölbung mit einem Krümmungshalbmesser $\varrho = 143$ cm und soll laut Werkstattzeichnung eine stets gleiche Dicke von $h = 6$ cm haben.

Wir haben diese gewölbte Platte als Beispiel gewählt, weil sie als Teil einer Hohlkugel vom Halbmesser $\varrho = 143$ cm und von stets gleicher Dicke einen wertvollen Vergleich mit der vollständigen Hohlkugel für den Fall gleicher spezifischer Belastung zuläßt.

Die nachstehende Rechnung wurde durchgeführt für einen auf der konvexen Seite wirkenden Ueberdruck von 20 at

$$p = (-20) \text{ kg/qcm.}$$

Dieser Druck wurde für die Rechnung so hoch gewählt, um sie zuverläßlicher zu gestalten. Für kleinere Ueberdrücke ändern sich die Ergebnisse proportional.

Vergleich mit der Hohlkugel.

Bei (-20) at Ueberdruck würde die vollständige Hohlkugel vom mittleren Halbmesser $\varrho = 143$ cm, der Dicke $h = 6$ cm eine mittlere Druckspannung σ_k erfahren, die sich nach der Formel berechnen läßt:

$$\sigma_k = (R^2 \pi p) : (2 R \pi h) = \frac{Rp}{2h},$$

$$\sigma_k = \frac{143 \cdot (-20)}{2 \cdot 6} = -239 \text{ kg/qcm} \quad \ldots \ldots \quad (44).$$

Unter dieser spezifischen Belastung würde sich der Halbmesser verändern um den Betrag

$$\varDelta R = \frac{R}{E}\left(\sigma_{tk} - \frac{\sigma_{rk}}{m}\right).$$

Hierin ist $R = 143$ cm; E für Gußeisen $= 900000$ kg/qcm; m für dieses Material rd. 5 [1]); $\sigma_{tk} = \sigma_{rk} = \sigma_k = -239$ kg/qcm.

$$\varDelta R = \frac{143}{900\,000}\,(1 - {}^1/_5)\,(-239) = -0{,}0305 \text{ cm,}$$

$$\varDelta R = -0{,}305 \text{ mm} \quad \ldots \ldots \ldots \quad (45).$$

Wie bereits bemerkt, ist es nun höchst lehrreich, festzustellen, wie sich die Hohlkugelkalotte in ihrer Beanspruchung und Formänderung der vollständigen Hohlkugel gegenüber verhält.

Untersuchung der Platte nach Fig. 14 für $p = (-20)$ kg/qcm.

Diese Platte von der Form einer Hohlkugelkalotte hat einen äußeren Halbmesser

$$x_a = 90 \text{ cm.}$$

Weil sie in der Mitte nicht durchbrochen, so ist

$$x_i = 0.$$

Der Boden liegt bei der Verwendung auf einer im Turbinengehäuse vorgesehenen Randfläche auf, welche einer Ebene angehört, die zur Turbinenachse also zur Symmetrieachse der Platte senkrecht steht. Diese Auflage vermag demnach auf die Platte nur Reaktionskräfte in Richtung parallel zur Symmetrieachse zu übertragen.

Der Meridianquerschnitt erfährt laut dem auf S. 47 Gesagten eine mittlere Tangentialspannung

$$\sigma_t{}^* = \frac{\text{seitliche Projektion des Bodens auf die Bildfläche} \times \text{Ueberdruck}}{\text{Meridianquerschnitt}}$$

Die seitliche Projektion des Bodens auf die Bildfläche berechnet sich wie folgt: (vergl. Fig. 1)

---

[1]) siehe Föppl Bd. III S. 43 Zeile 5 von unten.

$$\text{Fläche } A_1\,J\,A_2\,J_1\,A_1 = F = \frac{\varrho^2}{2}\left(2\,\frac{\varphi_a{}^0\pi}{180^0} - \sin\left(2\,\varphi_a{}^0\right)\right),$$

$$\sin\varphi_a{}^0 = \frac{x_a}{\varrho} = \frac{90}{143} = 0{,}63,$$

$$\varphi_a{}^0 = 39^0; \quad \widehat{\varphi_a} = 0{,}681,$$

$$\sin\left(2\,\varphi_a{}^0\right) = \sin 78^0 = 0{,}978,$$

$$2\,\frac{\varphi_a{}^0\pi}{180^0} = 2\,\widehat{\varphi_a} = 1{,}362.$$

$$F = \frac{143^2}{2}\,(1{,}362 - 0{,}978) = 3920 \text{ qcm.}$$

Meridianquerschnitt $f = 2\,\widehat{\varphi_a}\,\varrho\,h,$

$$f = 2\cdot 0{,}681\cdot 143\cdot 6 = 1170 \text{ qcm.}$$

$$\sigma_t{}^* = \frac{F\,p}{f} = \frac{3920\,(-20)}{1170} = (-67)\text{ kg/qcm} \quad . \quad . \quad . \quad . \quad (46)$$

statt $\sigma_k = (-239)$ kg/qcm, wie wir in Gl. (44) für die vollständige Hohlkugel
gefunden hatten. Diese Verschiedenheit läßt bereits vermuten, daß in dem zu
berechnenden Boden die Beanspruchung von Punkt zu Punkt der Mittelfaser
(und in noch höherem Maß der Außenfaser) stark veränderlich sein werde.
Es ist nämlich anzunehmen, daß die Beanspruchung des Bodens in der Nähe
der Symmetrieachse von derjenigen in der vollen Hohlkugel nicht sehr abweicht. Damit aber die mittlere Beanspruchung des Bodens, d. i. $\sigma_t{}^*$ nur etwa
$^1/_4$ (d. i. »— 67« gegenüber »— 239«) von derjenigen der Hohlkugel sei, muß
am Außenrand eine große Beanspruchung auftreten, welche ein entgegengesetztes Vorzeichen zu derjenigen in der Mitte des Bodens hat. Die in den
nachstehenden Figuren und in Zahlentafel 8 wiedergegebenen Rechnungswerte
bestätigen denn auch die Richtigkeit dieser Vermutung.

Die außen frei aufliegende Platte erfährt daselbst laut Gl. (32 a) eine mittlere
sogenannte Radialspannung

$$\sigma_{ra} = \frac{x_a\,p\,\sin\varphi_a}{2\,h_a} = \frac{90\cdot(-20)\cdot 0{,}63}{2\cdot 6},$$

$$\sigma_{ra} = (-94)\text{ kg/qcm} \ldots\ldots \text{(Druckspannung)} \quad . \quad . \quad . \quad . \quad (47).$$

Nunmehr stellen wir uns das Schema für die Hauptzahlentafel auf:

Dabei beginnen wir nicht mit $x_i = 0$, wie wir dies eigentlich tun sollten,
sondern mit $x = 10$ cm. Wir müßten nämlich sonst die ersten Intervalle
dx so klein nehmen, damit sie gegenüber x vorschriftsmäßig klein genug sind,
daß dadurch die Rechnung sehr weitläufig würde, ohne besonderen Gewinn zu
ergeben. So schätzen wir die zu machenden Annahmen statt für $x=0$ für $x=10$ cm
und extrapolieren nach erfolgter Durchrechnung rückwärts auf $x = 0$.

Vom Halbmesser $x = 10$ cm ausgehend, wählen wir die Intervalle dx zuerst
nur klein ($dx = 1$), dann immer größer, bis zuletzt $dx = 5$ cm wird und bleibt.
(Wie sich jedoch erst später herausstellte, wäre es für die Genauigkeit der Rechnung besser gewesen, das Intervall dx gegen den Außenrand hin wieder kleiner
werden zu lassen, z. B. $dx = 5, 4, 3, 2$ cm.) Für welche Halbmesser die Einzel-
rechnungen auszuführen sind, muß eben das praktische Gefühl und etwas
Uebung weisen. In unserem Beispiel wurden sie vorgenommen für

$$x = 10,\ 11,\ 12,\ 13,\ 14,\ 16,\ 18,\ 20,\ 22,\ 24,\ 26,\ 29,\ 32,\ 36,\ 40,\ 45,\ 50,$$
$$55,\ 60,\ 65,\ 70,\ 75,\ 80,\ 85 \text{ und } 90 \text{ cm.}$$

Zahlentafeln 1 bis 4 zeigen als Ausführungsbeispiel den Kopf und wenigstens den oberen Teil der sogenannten »Haupttafel«. Die einzelnen Spalten sind
gekennzeichnet durch fortlaufende, eingeklammerte Nummern. In jeder Spalte
ist in deren Kopf schematisch dargestellt, ob sie aus früheren Spalten entstan-
den, aus welchen und in welcher Weise.

Haupttafel.

$$p = -20 \text{ kg/cm}^2; \quad \varrho = \text{konst} = 143 \text{ cm}; \quad h = \text{konst} = 6 \text{ cm}; \quad h^3 = \text{konst} = 216 \text{ cm}^3.$$

Für Gußeisen ist: $E = 900\,000 \text{ kg/cm}^2; \quad m \infty 5; \quad m h^3 = \text{konst} = 1080 \text{ cm}^3; \quad \left(1 + \dfrac{1}{m}\right) = 1{,}2; \quad c = \dfrac{m}{m^2 - 1} E = \dfrac{5}{25 - 1} 900\,000 = 188\,000 = 0{,}188 \cdot 10^{-6} \text{ kg/cm}^2;$

$$\dfrac{12}{c} = 64 \cdot 10^{-6} \text{ kg}^{-1} \text{ cm}^2; \quad \dfrac{12}{c} \cdot \dfrac{h}{2} = 192 \cdot 10^{-6} \text{ kg}^{-1} \text{ cm}^3; \quad c \cdot \dfrac{h}{2} = 0{,}564 \cdot 10^6 \text{ kg/cm}; \quad \dfrac{p}{2} \cdot \dfrac{12}{c} = (-640) \cdot 10^{-6}.$$

Zahlentafel 1.

(1)	(2)	(3)	(4)	(5)	(6)	(7)	(8)	(9)	(10)	(11)	(12)	(13)	(14)	(15)
x cm	dx cm	h cm	$\dfrac{xh}{\text{cm}^2}$ $(1)\times(3)$	$\dfrac{d(xh)}{\text{cm}^2}$ $\varDelta\,(4)$	$\dfrac{d(xh)}{xh}$ $(5):(4)$	φ^0	$\sin \varphi = \dfrac{x}{\varrho}$	$\cos \varphi$	$\cos^2 \varphi$	ϱ	$\varrho \cos^2 \varphi$ $(10)\times(11)$	$\dfrac{dx}{\varrho \cos^2 \varphi}$ $(2):(12)$	$\dfrac{\sin \varphi\, dx}{\varrho \cos^2 \varphi}$ $(8)\times(13)$	$(6)+(14)$
10	1	6	60	6	0,1	$4^0\ 0'$	0,070	0,9976	0,995	143	142,2	0,00705	$0{,}493\ 10^{-3}$	0,1
11	1	6	66	6	0,0911	$4^0\ 25'$	0,077	0,9970	0,994	143	142,1	0,00705	$0{,}543\ 10^{-3}$	0,0915
12	1	6	72	6	0,0835	$4^0\ 50'$	0,084	0,9964	0,993	143	142,0	0,00706	$0{,}59\ \ 10^{-3}$	0,0841
13	1	6	78	6	0,0770	$5^0\ 15'$	0,091	0,9958	0,992	143	141,8	0,00706	$0{,}64\ \ 10^{-3}$	0,0776
14	2	6	84	12	0,143	$5^0\ 40'$	0,098	0,9951	0,990	143	141,5	0,01413	$1{,}385\ 10^{-3}$	0,144
16	2	6	96	12	0,125	$6^0\ 25'$	0,112	0,9937	0,988	143	141,2	0,01415	$1{,}586\ 10^{-3}$	0,127
18	. . .									. . .		. . . .	. . . .	. . .
20	. . .									. . .				

Zahlentafel 2.

(1)	(16)	(17)	(18)	(19)	(20)	(21)	(22)	(23)	(24)	(25)	(26)	(27)	(28)	(29)	(30)
x	$\dfrac{dx}{x}$ $(2):(1)$	$\left(1 + \dfrac{1}{m}\right)\dfrac{dx}{x}$ $1{,}2\cdot(16)$	$x^2 - x_i^2$ $[x_i = 0]$	$x + \dfrac{dx}{2}$ $(1)+\dfrac{(2)}{2}$	$dx\left(x + \dfrac{dx}{2}\right)$ $(2)\times(19)$	$x^2 - x_i^2 + dx\left(x + \dfrac{dx}{2}\right)$ $(18)+(20)$	$\dfrac{p}{2}\cdot\dfrac{1}{xh}$ $\dfrac{p}{2}:(4)$	$(22)\times(13)$	$(23)\times(21)$	$\text{tg}\,\varphi$ $(8):(9)$	$\text{tg}\,\varphi\,E$	$\text{tg}\,\varphi\,E\,\dfrac{dx}{x}$ $(26)\times(16)$	$\dfrac{dx}{\varrho}$	$\dfrac{dx}{\varrho} + \sin\varphi$ $(28)+(8)$	$\dfrac{xh}{\cos^2 \varphi}$ $(4):(10)$
10	0,100	0,12	100	10,5	10,5	110,5	−0,166	$-1{,}17\cdot 10^{-3}$	−0,129	0,0701	$63\cdot 10^{+3}$	$6{,}30\ 10^{+3}$	0,007	0,070	60,4
11	0,091	0,109	121	11,5	11,5	132,5	−0,152	−1,07 »	−0,141	0,0772	69,4 »	6,30 »	0,007	0,084	66,4
12	0,0835	0,100	144	12,5	12,5	156,5	−0,139	−0,98 »	−0,154	0,0846	76,2 »	7,16 »	0,007	0,091	72,4
13	0,0771	0,093	169	13,5	13,5	182,5	−0,129	−0,912 »	−0,167	0,0919	82,6 »	6,36 »	0,007	0,098	78,7
14	0,143	0,172	196	15	30	226	−0,119	−1,70 »	−0,385	0,0992	89,2 »	12,76 »	0,014	0,112	84,9
16	0,125	0,150	256	17	34	290	−0,105	−1,50 »	−0,436	0,1125	101,2 »	12,68 »	0,014	0,125	97,2
18	. . . .	. . . . .	. . . .												
20	. . . .	. . . . .	. . . .												

Zahlentafel 3.

(1)	(31)	(32)	(33)	(34)	(35)	(36)	(37)	(38)	(39)	(40)	(41)	(42)	(43)	(44)
x	$(29)\times(30)$	$\frac{12}{c}$ (31)	$dx\sin\varphi$ $(2)\times(8)$	$\frac{dx\sin\varphi}{\cos^2\varphi}$ $(33):(10)$	$\frac{h}{2}\frac{dx\sin\varphi}{\cos^2\varphi}$ $\frac{h}{2}(34)$	$\frac{12}{c}\frac{h}{2}\frac{dx\sin\varphi}{\cos^2\varphi}$ $192\cdot10^{-6}\times(34)$	h^3	$x\cos\varphi$ $(1)\times(9)$	$d(x\cos\varphi)$	$mxh^3\cos\varphi$ $=$ $1080\,(x\cos\varphi)$	$d(mxh^3\cos\varphi)$ $1080\cdot d(x\cos\varphi)$	$\frac{d(\ldots)}{dx}$ $(4):(2)$	$(1-\cos\varphi)$	$h^3\cos\varphi$ $(37)\cdot(9)$
10	4,23	$0,271\cdot10^{-2}$	0,070	0,0704		$0,014\cdot10^{-3}$	216	9,98	+0,94	$10,75\cdot10^{+3}$	$1,015\ 10^{+3}$	$1,015\ 10^{+3}$		215,48
11	5,57	0,357 »	0,077	0,0774		0,0149 »	216	10,92	+0,99	11,8 »	1,066 »	1,066 »		215,35
12	6,58	0,422 »	0,084	0,0845		0,016 »	216	11,91	+1,00	12,88 »	1,08 »	1,08 »		215,22
13	7,7	0,493 »	0,091	0,0918		0,018 »	216	12,91	+1,01	13,94 »	1,09 »	1,09 »		215,08
14	9,5	0,608 »	0,196	0,198		0,038 »	216	13,90	+1,99	15,00 »	2,15 »	1,075 »		214,93
16	12,5	0,80 »	0,224	0,227		0,049 »	216	15,89	+1,22	17,16 »	2,07 »	1,035 »		214,69
18	. . . . .	. . . . .	. . . .											
20	. . . . .	. . . . .	. . . .											

Zahlentafel 4.

(1)	(45)	(46)	(47)	(48)	(49)	(50)	(51)	(52)	(53)	(54)	(55)	(56)	(57)	(58)
x	$d(h^3\cos\varphi)$	$\frac{d(h^3\cos\varphi)}{dx}$ $(45):(2)$	$\frac{mh^3}{x}$ $\frac{1080}{x}$	$\frac{mh^3}{x}\cos\varphi$	$-\frac{d(h^3\cos\varphi)}{dx}+\frac{mh^3\cos\varphi}{x}$ $-(46)+(48)$	$\dfrac{\frac{p}{2}\frac{12}{c}\frac{1}{\cos^2\varphi}}{\frac{p}{2}\frac{12}{c}}:(10)$	$(50)\times(21)$	$ds=\frac{dx}{\cos\varphi}$ $(2).(9)$	$hds=h\frac{dx}{\cos\varphi}$ $(52)\times(3)$	$c\frac{h}{2}\cos\varphi$ $0,564\times(9)$	$y=\varrho(1-\cos\varphi)$ in cm $\varrho\times(42)$	dy cm	$\frac{dy}{E}$ $\frac{\text{cm}}{\text{kg/qcm}}$	$\frac{dx}{E}$
10	−0,130	−0,13	108	108,0	108,1	$-640\cdot10^{-6}$	$-70,7\cdot10^{-3}$		6,02	$0,562\cdot10^{-6}$	0,343	+0,087	$0,098\cdot10^{-6}$	$1,11\cdot10^{-6}$
11	−0,130	−0,13	98,4	98,4	98,4	−640 »	−851 »		6,03	0,562 »	0,43	+0,085	0,0945 »	1,11 »
12	−0,140	−0,14	90,3	90,0	90,1	−641 »	−100 »		6,03	0,562 »	0,515	+0,085	0,0945 »	1,11 »
13	−0,151	−0,15	83,2	82,6	82,8	−643 »	−116 »		6,03	0,562 »	0,60	+0,100	0,111 »	1,11 »
14	−0,302	−0,16	77,2	76,6	76,8	−645 »	−152 »		12,08	0,562 »	0,70	+0,200	0,223 »	2,23 »
16	−0,346	−0,17	67,0	67,0	67,2	−648 »	−193 »		12,10	0,561 »	0,93	+0,24	0,267 »	2,23 »
18	. . . . .	. . . . .	. . . .											
20	. . . . .	. . . . .	. . . .											

Des weiteren wird in den nächsten Zahlentafeln 5 bis 7 ebenfalls nur der Beginn eines sogenannten »Ausrechnungsblattes wiedergegeben, und zwar sind erst die Konstanten aus der »Haupttafel«, aber noch keine Ausrechnungswerte eingetragen. Für letztere sind vielmehr erst . . . . eingetragen.

Vergleichshalber wurden die beiden naheliegenden Fälle durchgerechnet:

Fall 3): Platte am Rand frei aufliegend,

» 4): » » » eingespannt,

und zwar beide in Kombination mit Fall 1): Platte innen voll.

Zahlentafel 5. (Ausrechnungsblatt.)

(1) x dx	(81) $(15)\cdot\sigma_{r_0}$	(82) $(16)\cdot\sigma_{t_0}$	(83) $d\sigma_{r_0}=$ $+(24)$ $-(81)$ $+(82)$	(84) $\sigma_{r_{02}}=$ $\sigma_{r_{01}}+d\sigma_{r_0}$	(85) $\sigma_{r_0}-\sigma_{t_0}$	(86) $\left(1+\dfrac{1}{m}\right)\dfrac{dx}{x}$ $\times(\sigma_{r_0}-\sigma_{t_0})$ $=(17)\cdot(85)$	(87) $(27)\cdot\psi$ $(27)\cdot(102)$	(88) $\dfrac{d\sigma_{r_0}}{m}$ $0{,}2\cdot(83)$	(89) $d\sigma_{t_0}=$ $+(86)$ $-(87)$ $+(88)$	(90) $\sigma_{t_{02}}=$ $\sigma_{t_{01}}+d\sigma_{t_0}$
10										
11	0,1	0,100	—0,129			0,12	$6{,}30\cdot10^8$			
12	0,0915	0,091	—0,141			0,109	$6{,}30\cdot10^8$			
13	0,0841	0,0835	—0,154			0,100	$7{,}15\cdot10^8$			
14										

Zahlentafel 6.

(1) x dx	(92) $(32)\,\sigma_{r_0}$ $(32)\cdot(84)_1$	(93) $(36)\,\sigma_{t_0}$ $(36)\cdot(90)_1$	(94) $(42)\left(\dfrac{d\psi}{dx}\right)$ $(42)\cdot(100)$	(95) $(49)\cdot\psi_1$ $(49)\cdot(102)$	(96) $(92)+(93)$ $-(94)+(95)$	(97) $(96)-(51)$	(98) $(97):(40)$ $=\dfrac{d^3\psi}{dx^3}$	(99) $\dfrac{d^2\psi}{dx^2}(dx)$	(100) $\left(\dfrac{d\psi}{dx}\right)$ $(100)_2=$ $(100)_1+(99)$	(101) $d\psi=$ $\left(\dfrac{d\psi}{dx}\right)dx$ $(100)\cdot(2)$
10										
11	$0{,}271\cdot10^{-3}$	$0{,}0136\cdot10^{-3}$	$+1015$	$108{,}1$		$+70{,}7\cdot10^{-3}$	$:10{,}7\cdot10^{+3}$			
12	$0{,}357\cdot10^{-3}$	$0{,}0149\cdot10^{-3}$	$+1066$	$98{,}4$		$+85\cdot10^{-3}$	$:11{,}8\cdot10^{+3}$			
13	$0{,}422\cdot10^{-3}$	$0{,}016\cdot10^{-3}$	$+1080$	$90{,}4$		$+100\cdot10^{-3}$	$:12{,}9\cdot10^{+3}$			
14										

Zahlentafel 7.

(1) x dx	(102) $\psi_2=$ $\psi_1+d\psi$ $(102)_1+(101)_2$	(103) $m\left(\dfrac{d\psi}{dx}\right)$ $3{,}33\cdot(100)$	(104) $\dfrac{\psi}{x}$ $(102):(1)$	(105) $m\dfrac{d\psi}{dx}+\dfrac{\psi}{x}$ $(103)+(104)$	(106) $m\dfrac{\psi}{x}$	(107) $\dfrac{d\psi}{dx}+m\dfrac{\psi}{x}$	(108) $c\dfrac{h}{2}\cos\varphi\times$ $\left(m\dfrac{d\psi}{dx}+\dfrac{\psi}{x}\right)$ $(54)\cdot(105)$	(109) $c\dfrac{h}{2}\cos\varphi\times$ $\left(\dfrac{d\psi}{dx}+m\dfrac{\psi}{x}\right)$ $(54)\cdot(107)$	(110) $h\,ds\,\sigma_{t_{20}}$ $(53)\cdot(90)$
10							$0{,}562\cdot10^6$		6,02
11							$0{,}562\cdot10^6$		6,03
12							$0{,}562\cdot10^6$		6,03
13							$0{,}562\cdot10^6$		6,03
14									

Die Ergebnisse dieser beiden Hauptdurchrechnungsgruppen sind in die Fig. 15 bis 20 eingetragen und geben ein ebenso lehrreiches wie anschauliches Bild über den Verlauf der Normalspannungen in den einzelnen Punkten der Platte und die Wanderung der einzelnen Punkte der Meridian-Mittelfaser infolge der Durchbiegung. Wir heben besonders hervor, daß die einzelnen Ergebnisse wie folgt zusammengestellt sind:

Für Fall 3 4
Zahlenbeispiel . . . . I II

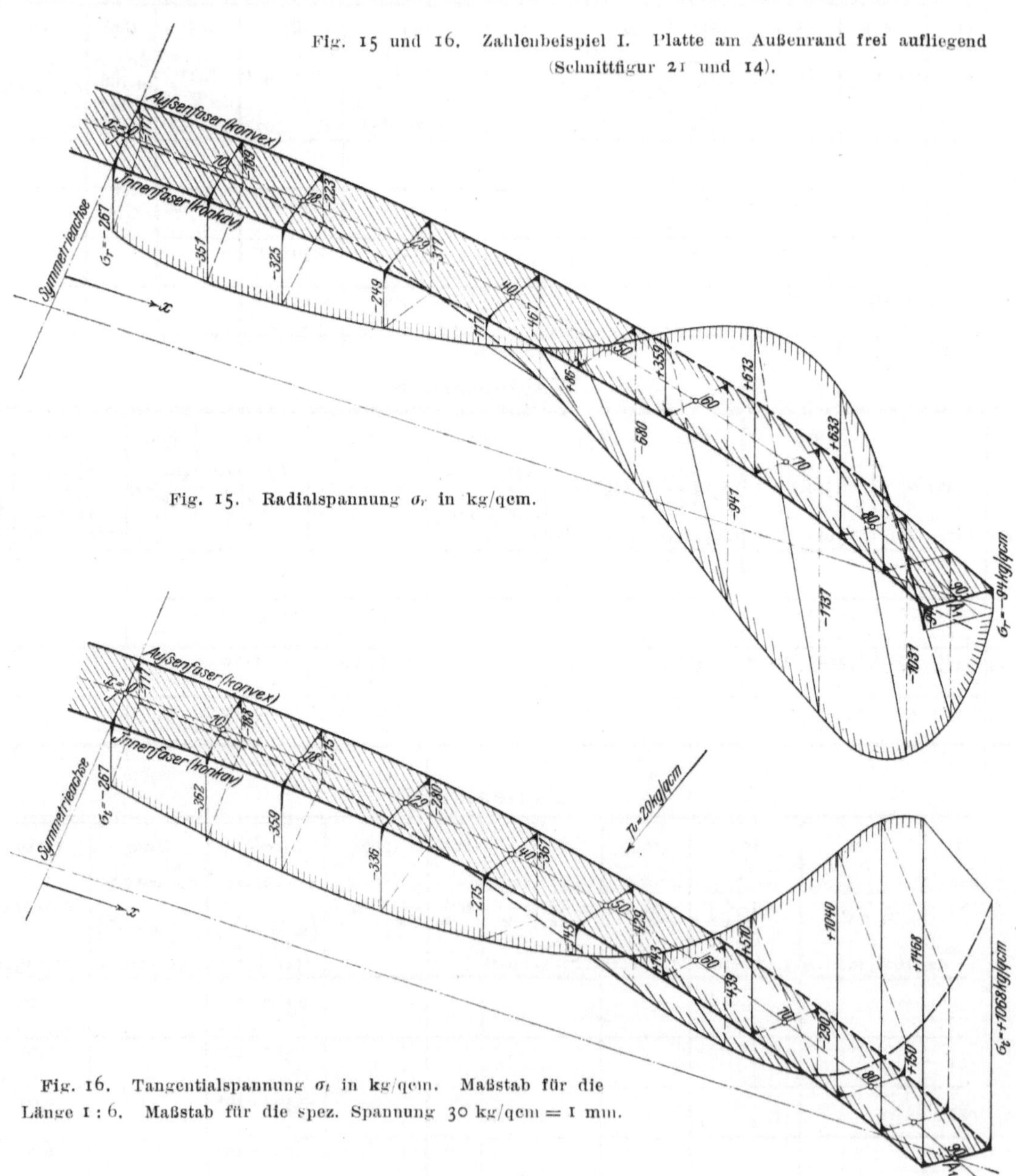

Fig. 15 und 16. Zahlenbeispiel I. Platte am Außenrand frei aufliegend (Schnittfigur 21 und 14).

Fig. 15. Radialspannung σ_r in kg/qcm.

Fig. 16. Tangentialspannung σ_t in kg/qcm. Maßstab für die Länge 1 : 6. Maßstab für die spez. Spannung 30 kg/qcm = 1 mm.

Platte am Rand . . . . frei aufliegend, eingespannt
(aber in Richtung des
Halbmessers beweglich.)

Axonometrisches Bild der »Radialspannungen« Fig. 15 Fig. 17
  »   »   » »Tangentialspannungen« » 16 » 18
Durchbiegung bezogen auf die Plattenmitte Fig. 19
  »   »   » den Plattenaußenrand » 20.

Die zeichnerischen Maßstäbe sind in die einzelnen Figuren eingetragen.

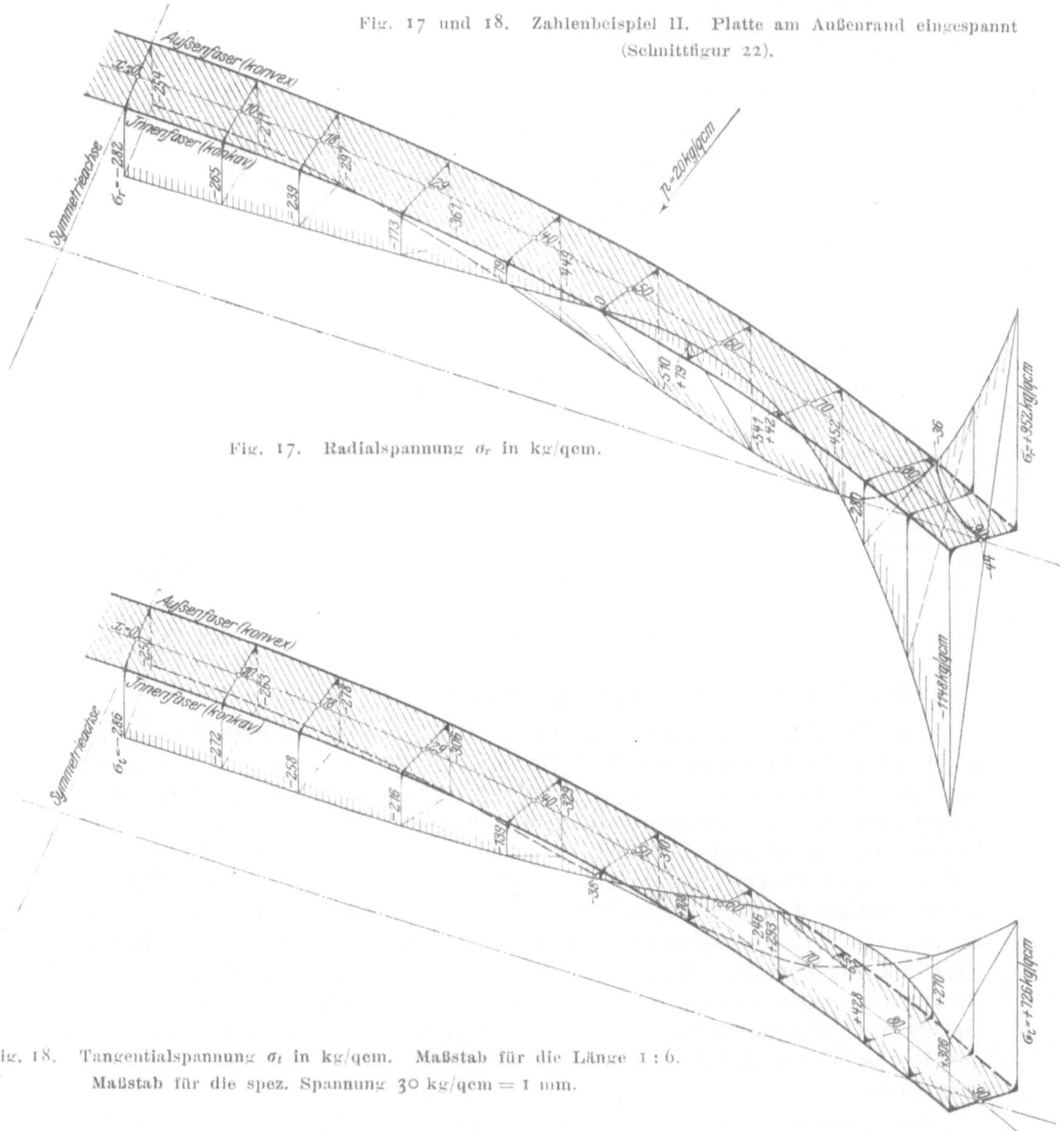

Fig. 17. Radialspannung σ_r in kg/qcm.

Fig. 18. Tangentialspannung σ_t in kg/qcm. Maßstab für die Länge 1 : 6.
Maßstab für die spez. Spannung 30 kg/qcm = 1 mm.

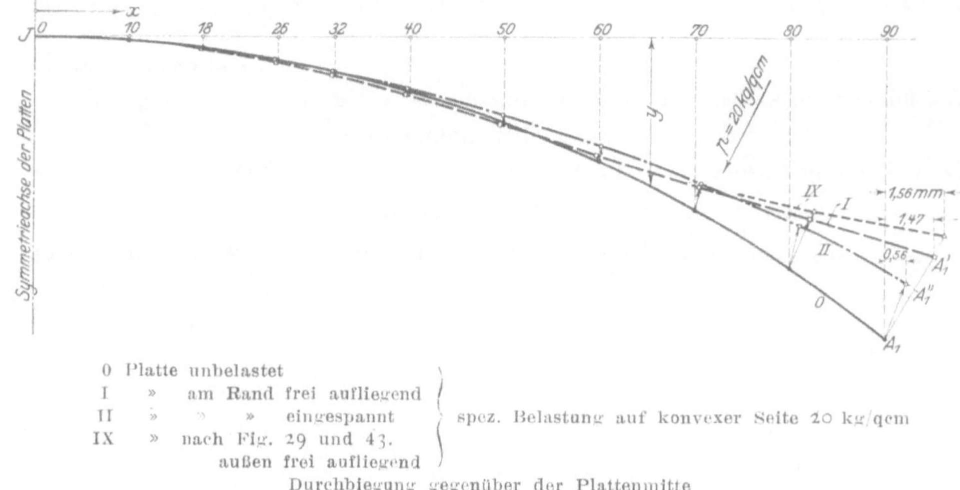

0 Platte unbelastet
I   »   am Rand frei aufliegend
II   »   »   »   eingespannt   spez. Belastung auf konvexer Seite 20 kg/qcm
IX   »   nach Fig. 29 und 43.
    außen frei aufliegend
    Durchbiegung gegenüber der Plattenmitte

Maßstab für die Mittelfaser 1 : 8.   Maßstab für die Ausbiegung 5 : 1.   Verhältnis der gezeichneten Ausbiegung zur aufgezeichneten Mittelfaser 40 : 1.

Fig. 19.   Lage der Mittelfaser des Meridianschnittes.

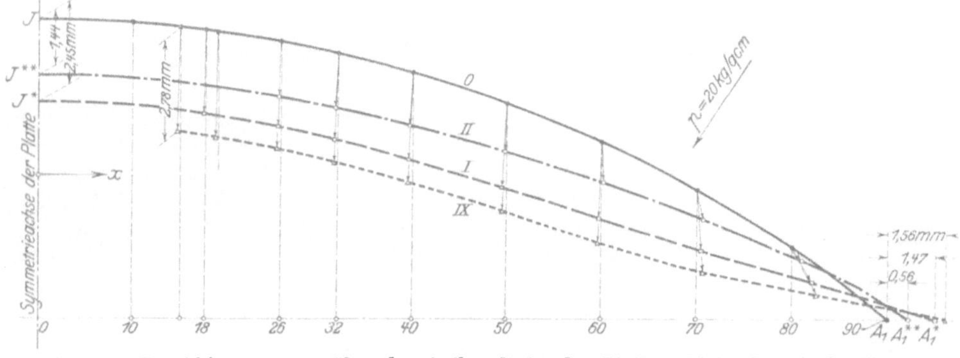

Fig. 20.   Durchbiegung gegenüber der Auflagefläche der Platte.   Maßstäbe wie in Fig. 19.

Diskussion der Rechnungsergebnisse der Zahlenbeispiele I und II.

Ein Vergleich der Figuren 15 bis 18 zeigt, daß die Normalspannungen in der am Rand eingespannten Platte durchschnittlich viel niedriger sind, als in der frei aufliegenden Platte. In letzterer tritt die größte Spannung als Tangentialspannung $\sigma_t = + 1468$ kg/qcm (Zug) an der Innenfaser im Abstand $x = 90$ cm, Fig. 16, die nächst größte als Radialspannung $\sigma_r \infty - 1180$ kg/qcm (Druck) an der Außenfaser zwischen den berechneten Punkten $x = 70$ und 80 cm auf, Fig. 15. Bei der am Rand eingespannten Stelle beträgt die Höchstbeanspruchung -1148 kg/qcm. Es ist dies die Druckspannung in Richtung des Meridians an der Innenfaser des Außenrandes, Fig. 17. Die höchste an dem am Rand eingespannten Deckel auftretende Tangentialspannung finden wir ebenfalls am äußeren Rand, und zwar an der äußeren Faser mit $+726$ kg/qcm (Zug). Alle anderen am eingespannten Deckel erscheinenden Spannungen sind viel kleiner als die soeben genannten.

Die Figuren 15 bis 18 zeigen ferner, daß für beide Lagerungsarten des Deckels Punkte zu finden sind, die entweder in Richtung des Meridians oder des Parallelkreises spannungslos sind. Es ist dies der Fall z. B. laut Fig. 15 in Richtung des Meridians an der inneren Begrenzungsfaser im Abstand $x = 45$ cm von der Symmetrieachse, laut Fig. 16 in »tangentialer« Richtung an der äußeren Begrenzungsfaser bei $x = 78$ cm, an der inneren Begrenzungsfaser bei $x = 56$ cm usw.

Eine weitere Betrachtung der die »Radialspannungen« am frei aufliegenden und am außen eingespannten Deckel darstellenden Fig. 15 und 17 zeigt, daß in beiden Fällen zwischen der Symmetrieachse und dem Außenrand je ein Querschnitt vorkommt, der keiner Biegungs-, sondern nur einfacher normaler Druckspannung unterworfen ist. Es ist dies jeweils derjenige Kegelschnitt, in welchem im graphischen Bild die Radialspannungen in der inneren und äußeren Begrenzungsfaser gleich groß erscheinen. Schätzungsweise trifft dies zu in Fig. 15 für die Kote $x = 22$ cm, in Fig. 17 für den Halbmesser $x = 8$ cm [1]). In Fig. 15 verschwindet das Biegungsmoment natürlich ein zweites Mal für $x = 90$ cm laut Voraussetzung, daß die Platte dort frei aufliege.

Die in den Fig. 15 bis 18 gegebenen Darstellungen der Spannungsverteilungen lehren ferner, daß die Platte einem »Körper gleicher Festigkeit« angenähert werden könnte, wenn sie in der Mitte dünner, gegen außen und besonders am Rand dicker gehalten wäre.

Durchbiegung des nach Fig. 14 ausgebildeten und auf der konvexen Seite mit 20 kg/qcm belasteten Deckels.

In den Fig. 19 und 20 ist die rechnerische Durchbiegung der Mittelfaser des Deckels dargestellt für die zwei Fälle:

I) Die Platte ist am Rand frei aufliegend (Kurve *I*).

II) Die Platte ist am Rand so eingespannt, daß ihr Außenquerschnitt sich wohl in Richtung senkrecht zur Symmetrieachse parallel verschieben, nicht aber verdrehen kann. Der Kürze halber wollen wir diesen Fall mit »Platte außen eingespannt« bezeichnen, obschon dieses Einspannen nur bedingt geschieht (Wahrung der Verschiebbarkeit) (Kurve *II*).

Die Kurve *O* stellt die Meridian-Mittelfaser (Kreisbogen) im unbelasteten Zustand dar. Es ist wohl zu beachten, daß die Maßstäbe für die Mittelfaser einerseits und für ihre Durchbiegung anderseits verschieden sind, und zwar ist die Meridian-Mittelfaser aufgezeichnet im Maßstab $1 : 8$, die Aenderung von deren Koordinaten im Maßstab $5 : 1$, so daß also die Aenderungen der Koordinaten relativ zu den Koordinaten selbst in 40facher Vergrößerung dargestellt sind.

Weil wir von der Mitte aus gerechnet haben, ist in Fig. 19 demgemäß die Verschiebung der einzelnen Punkte relativ zum Mittelpunkt J aufgetragen und dabei die Annahme gemacht, daß alle weiter außen liegenden Punkte sich verschieben können. Die Mittelfaser geht aus ihrer ursprünglichen Lage JA_1 (Deckel unbelastet) über entweder in die Lage JA_1' oder in die Lage JA_1'', je nachdem der Deckel am Rand »frei aufliegend« oder »eingespannt« ist.

Die Darstellung Fig. 20 ist für die der Wirklichkeit eher entsprechende Annahme getroffen, daß der Randpunkt A_1 sich nur auf der Wagerechten, d. i. senkrecht zur Symmetrieachse, nicht aber parallel hierzu bewegen könne, und zwar nach den Lagen A_1^* oder A_1^{**}, je nachdem die Platte am Rand frei aufliegt oder eingespannt ist. Der Mittelpunkt der Platte bewegt sich hierbei aus der ursprünglichen Lage J nach J^* oder J^{**}.

---

[1]) **Hier zeigt die elastische Linie relative Inflexionspunkte.**

Zahlentafel 8.
Zusammenstellung der Hauptdaten für die Rechnungsbeispiele.

	I	II	III	IV	V	VI	VII	VIII	IX	IX$_v$	X	X$_f$
Beispiel Nr.	I	II	III	IV	V	VI	VII	VIII	IX	IX$_v$	X	X$_f$
Schnittfigur Nr.	21 und 14	22	23	24	25	26	27	28	29 u. 46	30 u. 49	31	31
Material	◄——————— Gußeisen $G = 900\,000$ kg/qcm; $m = 5$ ———————►										Flußeisen $G = 2,1 \cdot 10^{+6}$ kg'/qcm $m = 3,33$	
Randbedingungen.												
1) in der Mitte	◄——————————— voll ———————————► Bohrung mit Radius $x = 15$ cm mit Nabe										◄—— voll ——►	
2) am Rand, und zwar achsial	frei aufliegend	eingespan. nachgieb.	◄———————— frei aufliegend ————————►								eingespannt nachgieb.	unfrei
Außenhalbmesser ... cm	90	90	90	90	90	90	60	60	90	90	30	30
mittlerer Wölbungshalbmesser ... »	143	143	260	510	∞	143	143	95,5	143	143	103,5	103,5
Pfeilhöhe der Wölbung ... »	32,1	—	16	8	0	—	—	—	—	—	—	—
Dicke der Platten, soweit sie stets gleich »	6	6	6	6	6	9	6	6	6	6	—	—
spezifische Belastung p ... kg/qcm	◄——————————— −20 auf konvexe Seite ———————————►										0,99 +16	0,99 +16
Spannungsdiagramm ... Fig.	32	33	34	35	36	37	38	39	40	41	auf konkave Seite 42	43
Es betragen die Spannungen innen:												
in der Mittelfaser σ_{r0i} ... kg/qcm	− 258	− 268	− 720	−1085	0	−212	+ 372	−185	0	0	+1080	+840
σ_{t0i} ... »	− 258	− 268	− 720	−1085	0	−212	+ 372	−185	− 375	− 340	+1080	+840
in der Außenfaser $\sigma_{r\frac{h}{2}i}$ ... »	− 365	− 271	− 965	−3230	−5620	−240	− 605	−190	0	0	+1100	+940
$\sigma_{t\frac{h}{2}i}$ ... »	− 365	− 263	− 965	−3230	−5620	−240	− 605	−190	− 575	− 560	+1100	+905
Es betragen die Spannungen am Außenrand:												
in der Mittelfaser σ_{r0a} ... kg/qcm	− 94	− 94	− 51	−26,5	0	− 62	− 42	− 62	− 94	− 62	+ 70	+609
σ_{t0a} ... »	+1277	+ 516	+2020	+2180	0	+620	+ 832	+554	+1510	+1260	−2212	+ 55
in der Außenfaser $\sigma_{r\frac{h}{2}a}$ ... » (Höchstwert)	− 94	−1148	− 51	−26,5	0	− 62	− 42	− 62	− 94	− 62	+4530	+1990
$\sigma_{t\frac{h}{2}a}$ ... »	+1486	+ 726	+2720	+3634	+2740	+810	+1179	+728	+1812	+1573	−3592	+425
Durchbiegung in der Mitte $\Delta y =$ ... mm	−2,45	−1,44	−9,54	−24,33	−56,8[1])	−1,42	−2,29	−0,86	−2,78	−2,30	+2,00	+0,51
Dehnung des Außenhalbmesser $\Delta x =$ ... »	+1,47	+0,56	+0,53	+ 2,22	—	+0,73	+0,57	+0,38	+1,56	+1,39	−0,33	−0,04
Diagramm der Durchbiegung Δy ... Fig.	47	47	—	—	—	—	—	—	47	47	—	—
Diagramm der Aenderung Δx ... »	48	48	—	—	—	—	—	—	48	48	—	—
Diagramm der Winkeländerung ψ ... »	49	49	—	—	—	—	—	—	49	49	—	—

[1]) Die Formel nach Föppl Bd. III S. 261 Gl. (185) gibt −52,7 mm, also 7,2 vH weniger. Diese an sich geringe Abweichung liegt wahrscheinlich darin begründet, daß wir noch weitere annäherndere Durchrechnungen hätten vornehmen sollen.

Fig. 21 bis 31. Maßstab für Fig. 21 bis 30 1 : 45.

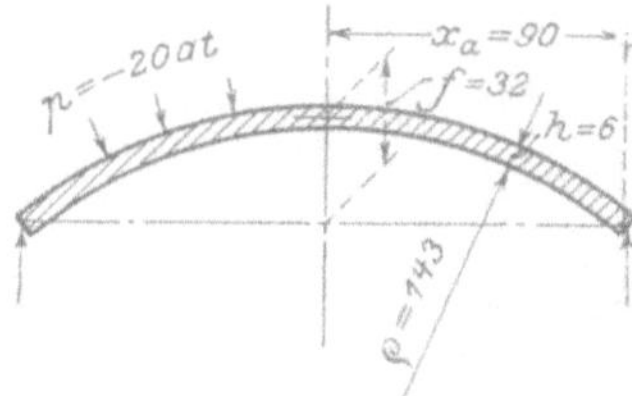

Fig. 21. I.

Fig. 22. II.

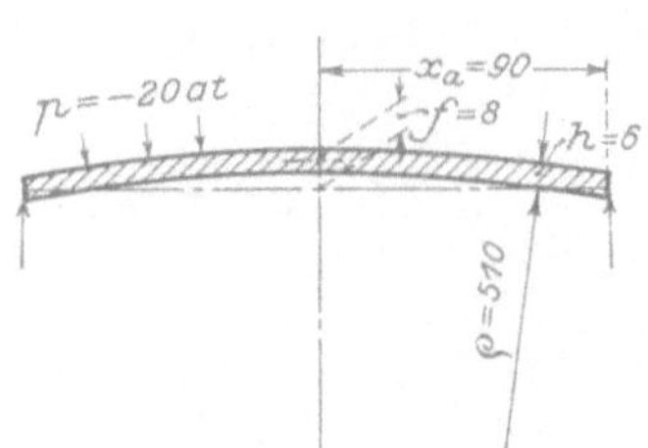

Fig. 23. III.

Fig. 24. IV.

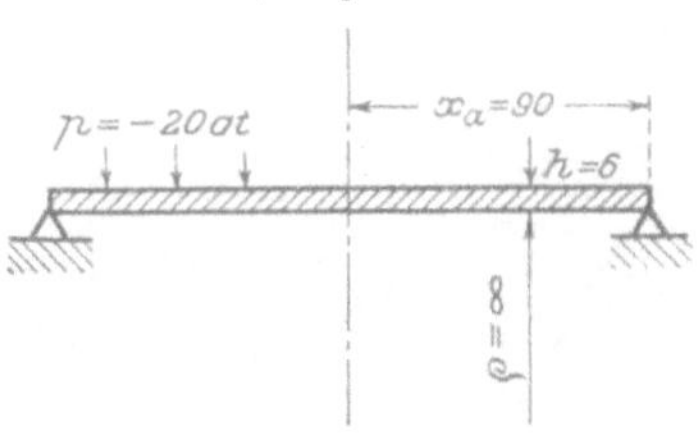

Fig. 25. V.

Fig. 26. VI.

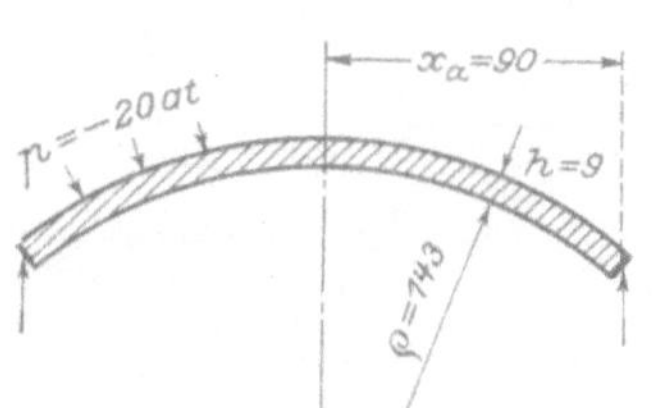

Fig. 27. VII.

Fig. 28. VIII.

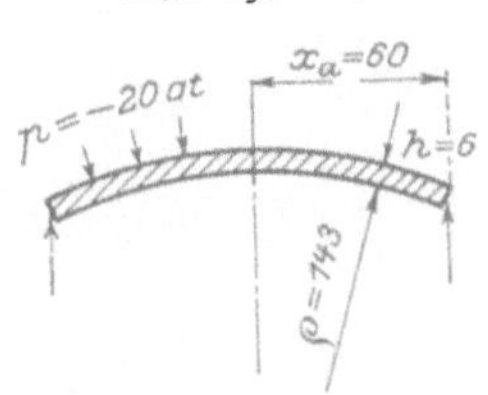

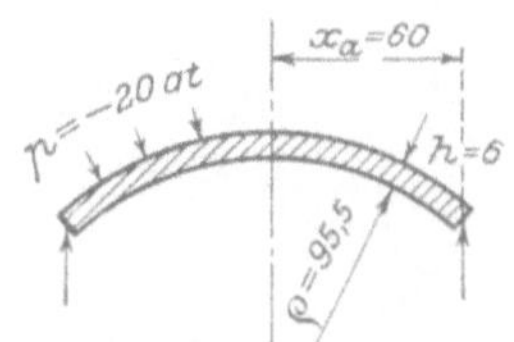

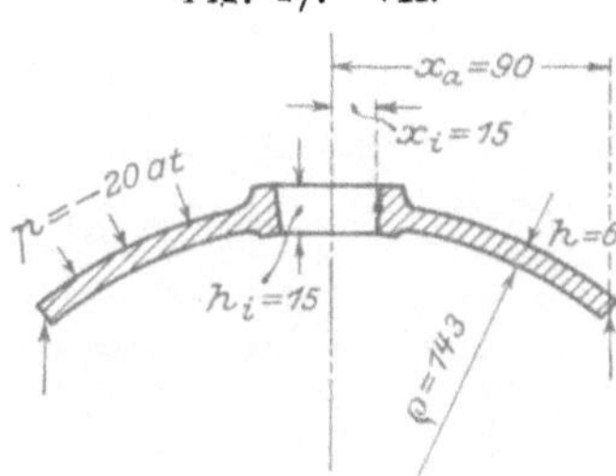

Fig. 29. IX.

Fig. 30. IX$_v$.

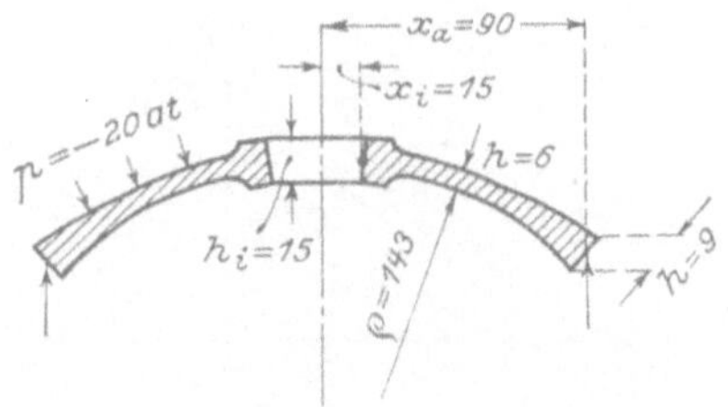

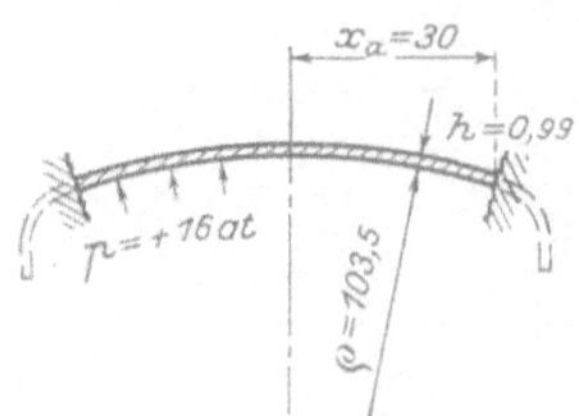

Fig. 31. X. Maßstab 2 : 45.

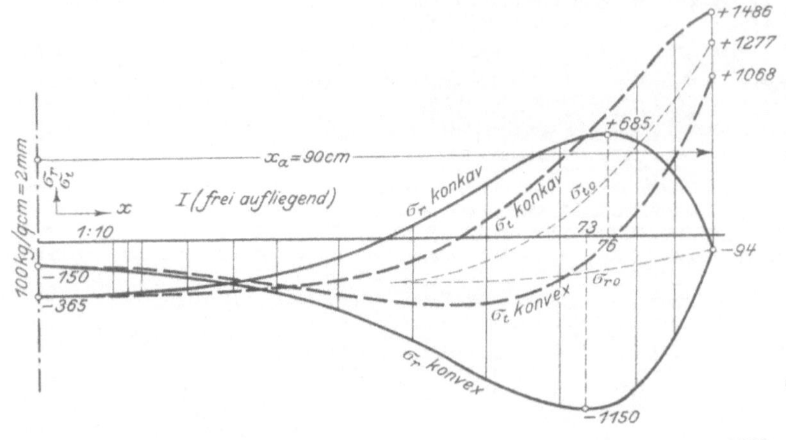

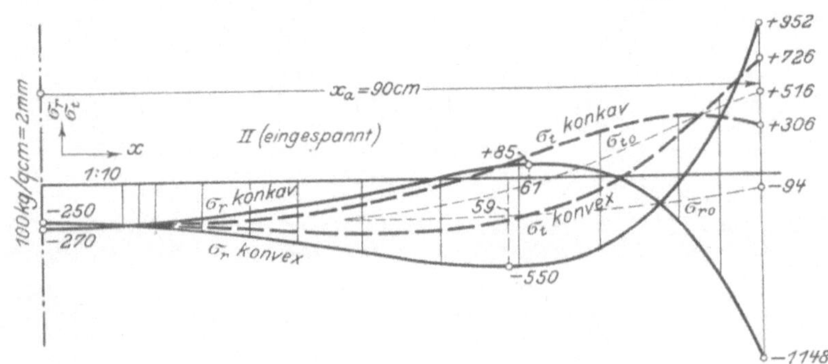

Zahlenbeispiel	I frei auf- liegend	II einge- spannt
$\varrho = $ in cm = konst	143	143
$x_a = $ in cm =	90	90
$x_i = $ in cm =	0	0
$h = $ in cm = konst	6	6
$p = $ in at =	−20	−20

Material: Gußeisen.

Fig. 32 und 33.

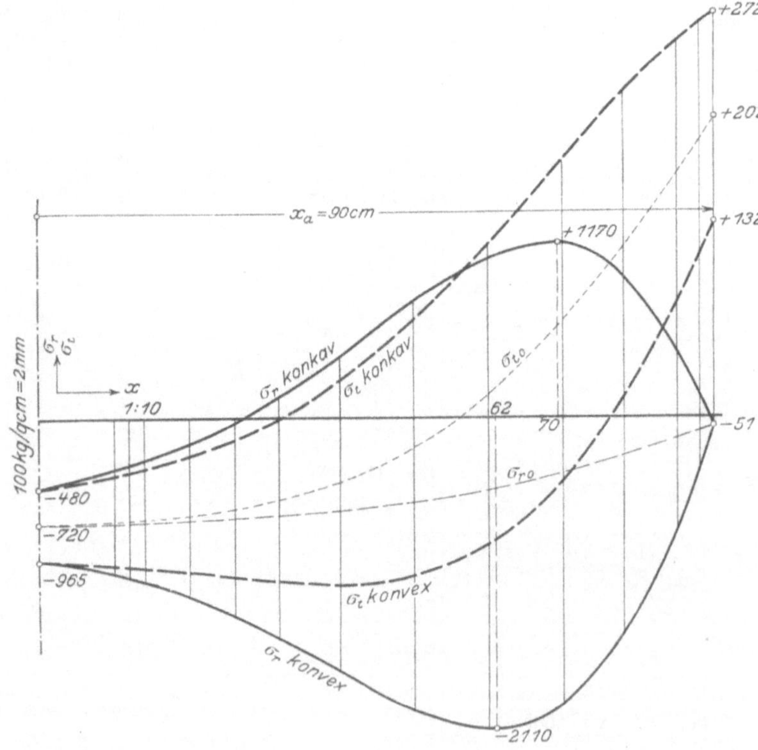

Zahlenbeispiel III.

$\varrho = 260$ cm = konst
$x_a = 90$ cm
$x_i = 0$
$h = 6$ cm = konst
$p = -20$ at

Material: Gußeisen.

Fig. 34.

Die für die wirklichen Koordinatenänderungen gefundenen Rechnungswerte sind in den Fig. 19 und 20 eingeschrieben. (Für Fall II, d. h. »außen eingespannt, ist der Wert $\varDelta x_a$ nicht zuverläßlich. Vermutlich liegt ein Rechenfehler vor infolge der Wahl zu großer Intervalle für dx gegen den Außenrand hin.)

Nach unserer Rechnung und nach Fig. 20 kommt die größte Aenderung der Koordinate in Richtung parallel zur Symmetrieachse in der Mitte der

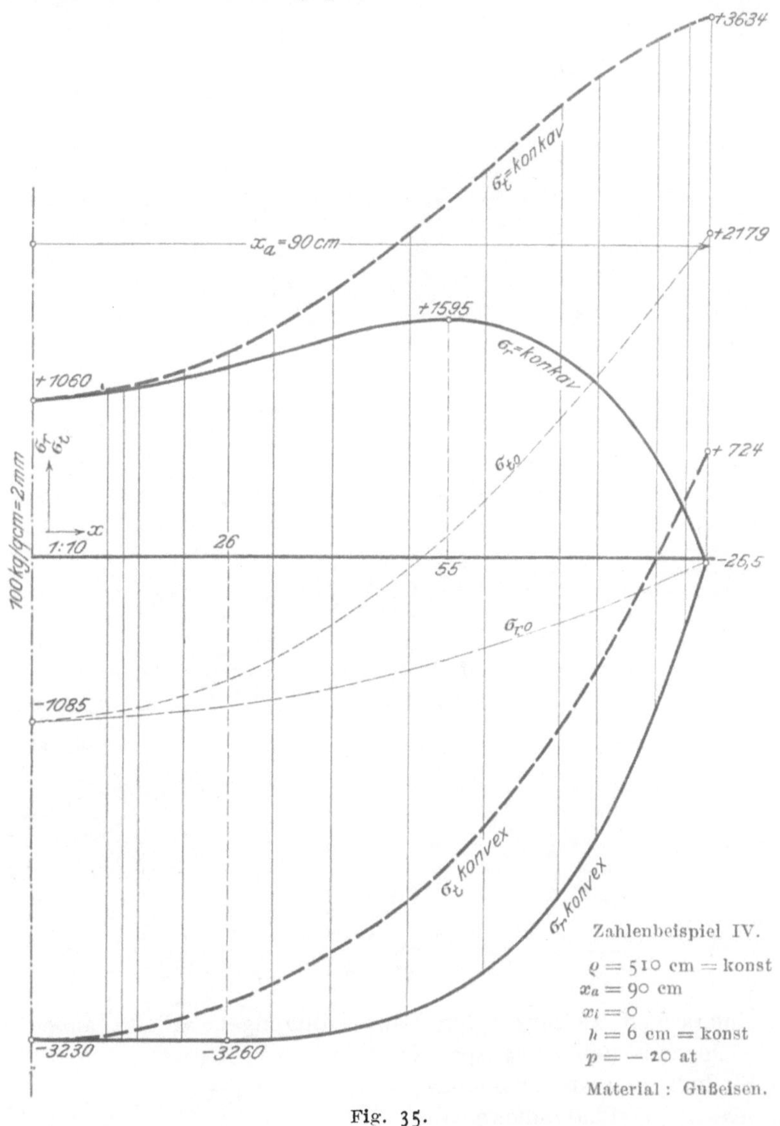

Fig. 35.

Platte vor, wie nicht anders zu erwarten war. Sie beträgt bei der frei aufliegenden Platte 2,45 mm, bei der am Rand eingespannten Platte nur 1,44 mm.

Der äußerste Punkt A_1 der Meridian-Mittelfaser verschiebt sich um 1,47 mm nach außen, wenn die Platte außen frei aufliegend, dagegen nur um rd. 0,56 mm, wenn die Platten »außen eingespannt«.

Von der Wiedergabe aller Rechnungs- und insbesondere der Zwischenwerte wurde mit Rücksicht auf deren große Zahl abgesehen.

5*

Im Anschluß an diese eingehend besprochenen Beispiele I und II wurden noch **zehn** weitere Beispiele durchgerechnet. In Zahlentafel 8 sind von allen zwölf Beispielen die ihnen zugrunde gelegten Bedingungen zusammengestellt. Die Hauptabmessungen der durchgerechneten Platten finden sich in den Fig. 21 bis 31. Diese Beispiele geben über folgende Fragen Aufschluß:

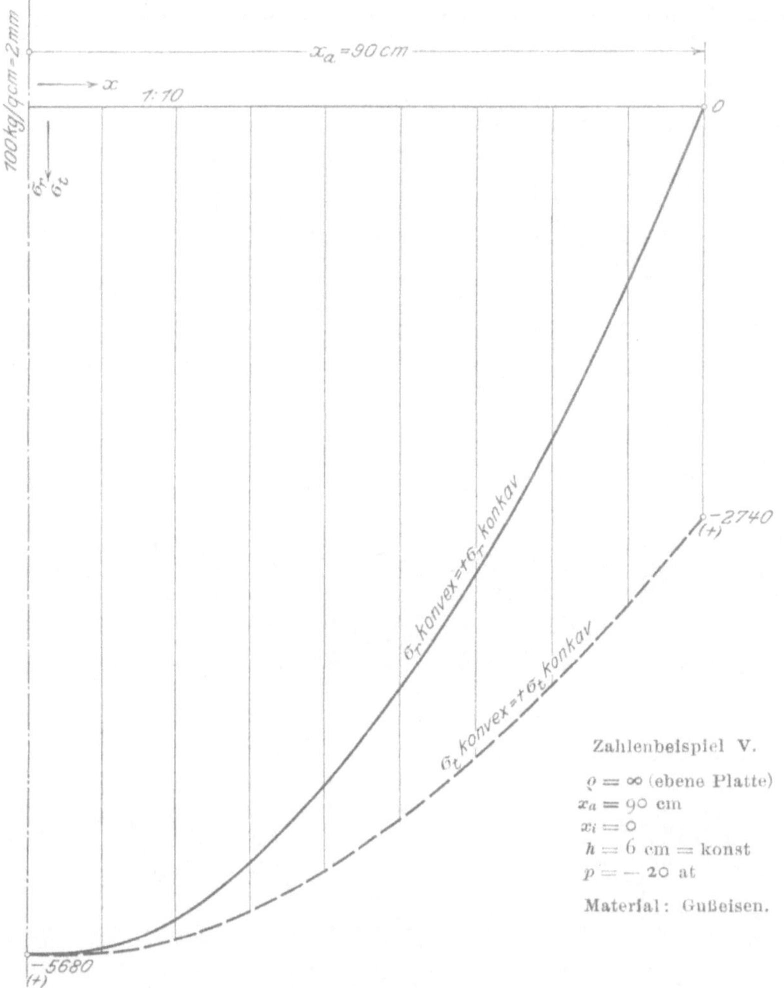

Fig. 36.

a) Unterschied zwischen den Randbedingungen »Platte außen frei aufliegend« und »eingespannt«.
b) Einfluß der Plattenwölbung.
c)　　»　　　»　Plattendicke.
d)　　»　　　»　Größe des äußeren Halbmessers »x_a«.
e)　　»　　　»　Bohrung und der versteifenden Nabe.
f)　　»　　　»　Verdickung des Plattenrandes.
g) Unterschied zwischen »außen nachgiebig eingespannt« und »fest eingespannt«.

Die einer und derselben Gruppe a) bis g) angehörigen Platten unterscheiden sich nur durch die für den jeweiligen Programmpunkt gekennzeichneten Daten.

Die Beispiele I bis IX_v haben das gemein, daß es sich um die Berechnungen gußeiserner Platten handelt ($E = 900\,000$ kg/qcm; $m = 5$), welche von der konvexen Seite mit $p = 20$ kg/qcm belastet sein sollen. Diese Belastung gibt zugestandenermaßen für fast alle Beispiele für Gußeisen durchaus unzulässig

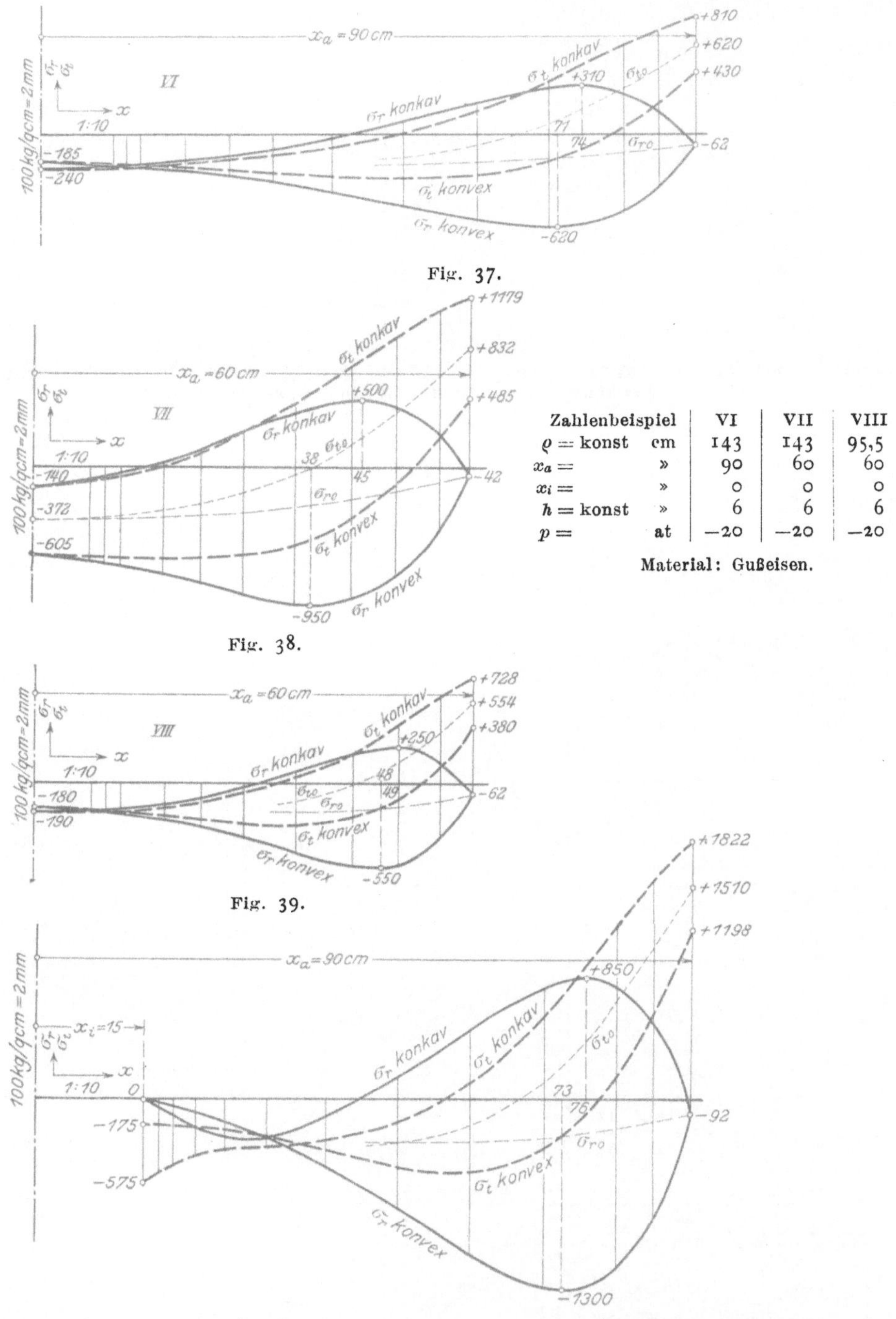

Fig. 37.

Fig. 38.

Zahlenbeispiel	VI	VII	VIII
$\varrho = $ konst cm	143	143	95,5
$x_a = $ »	90	60	60
$x_i = $ »	0	0	0
$h = $ konst »	6	6	6
$p = $ at	—20	—20	—20

Material: Gußeisen.

Fig. 39.

Zahlenbeispiel IX. $\varrho = 143$ cm = konst, $x_a = 90$ cm, $x_i = 15$ cm der Bohrung in der Mitte, $h = 6$ cm = konst von $x = 32$ bis $x_a = 90$ cm, $p = -20$ at,   Material: Gußeisen.

Fig. 40.

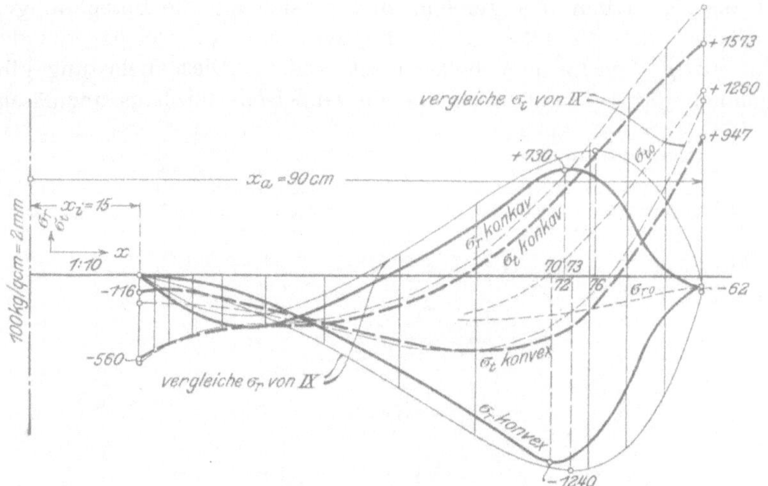

Zahlenbeispiel IX$_v$. $\varrho = 143$ cm $=$ konst, $x_a = 90$ cm, $x_i = 15$ cm der Bohrung in der Mitte, $h =$ konst, $p = -20$ at, Material: Gußeisen.

Fig. 41.

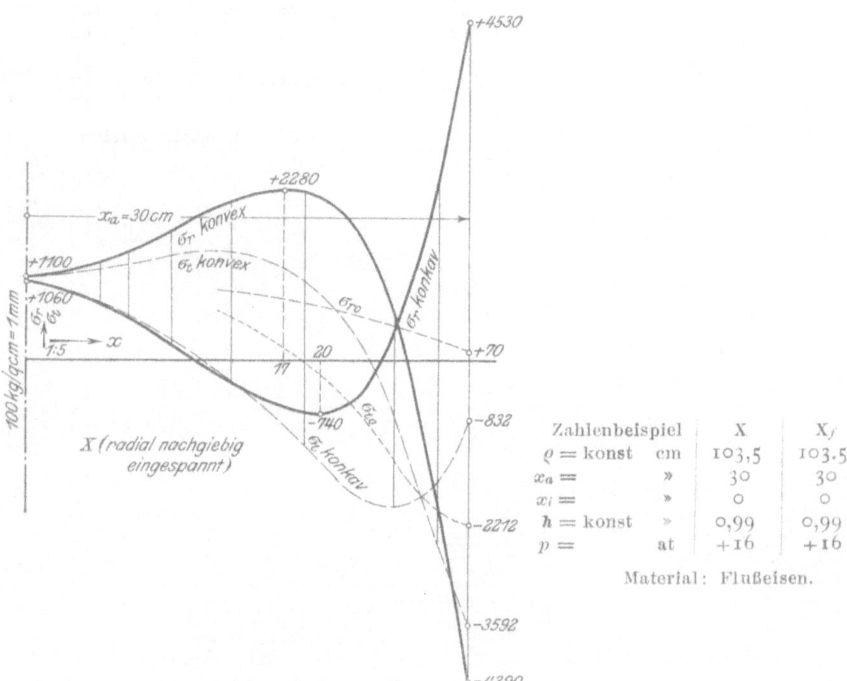

Zahlenbeispiel		X	X$_f$
$\varrho =$ konst	cm	103,5	103,5
$x_a =$	»	30	30
$x_i =$	»	0	0
$h =$ konst	»	0,99	0,99
$p =$	at	+16	+16

Material: Flußeisen.

Fig. 42.

Fig. 43.

hohe Beanspruchungen. Sie soll deshalb auch nur für unsere vergleichsweise Rechnung, nicht aber in Wirklichkeit Gültigkeit haben. Wir erinnern uns, daß sich alle rechnerisch festgestellten Spannungen und Dehnungen proportional zur gewählten spezifischen Belastung ändern würden.

Den Beispielen X und X_f ist der Boden aus Flußeisen zugrunde gelegt, der von Prof. v. Bach bezüglich Durchbiegen untersucht und in der Z. d. V. d. I. 1899 S. 1585 in Fig. 1 und 2 abgebildet wurde. ($E = 2\,100\,000$ kg/qcm; $m = {}^{10}/_3$.) Die Hauptrechnungsergebnisse sind in den Diagrammen Fig. 32 bis 43 aufgetragen.

Diskussion der Rechnungsergebnisse.

a) Einfluß der Randbedingungen »außen frei aufliegend« und »außen eingespannt«.

Die Beispiele I und II nach den Schnittfiguren 21 und 22 wurden bereits eingehend erörtert. Die aus den Fig. 15 bis 18 bekannten Spannungen der beiden äußeren und der mittleren Faser sind in kleinerem Maßstab und als einfache Funktion des Abstandes x' von der Symmetrieachse in den Fig. 32 und 33 wiedergegeben in gleicher Weise wie in den Fig. 34 bis 43 für die übrigen Beispiele.

b) Einfluß der Plattenwölbung.

Die einschlägigen Zahlenbeispiele I, III, IV und V beziehen sich alle auf gußeiserne volle Platten mit einem äußeren Halbmesser $x_a = 90$ cm und einer gleichbleibenden Dicke $h = 6$ cm (s. Schnittskizzen 21, 23, 24 und 25). Die Fig. 32, 34, 35 und 36 geben ein Bild für den Verlauf der Spannungen in der mittleren und in den beiden äußersten Fasern einer jeden Platte.

In Fig. 44 sind die hauptsächlichsten Ergebnisse der 4 Rechnungsbeispiele in Funktion der Pfeilhöhe dargestellt, welche beträgt für die Platte

$$
\begin{array}{ccccc}
 & \text{I} & \text{III} & \text{IV} & \text{und} \quad \text{V} \\
f = 32 & 16 & 8 & \text{»} & 0 \text{ cm.}
\end{array}
$$

Die Krümmungshalbmesser dieser Platten betragen

$$
\varrho = 143 \quad 260 \quad 510 \quad \text{»} \quad \infty \text{ cm.}
$$

Die Platte V ist »eben«.

Von der Wölbung $f = 32$ cm ausgehend, nimmt die mittlere Radialspannung σ_{r0} mit abnehmender Plattenwölbung anfänglich schwach, dann immer mehr zu. Sinkt beispielsweise die Plattenwölbung »f« von 32 auf 16 und 8 cm, so steigt die Spannung σ_{r0} von 258 auf 720 und 1085 kg/qcm Druck.

Dieses Verhalten ist zu vergleichen mit der Beanspruchung zweier nach Fig. 45 gegeneinander gestellter, gleich langer, gerader Stäbe. Bei gleichbleibender Last P, welche am gemeinsamen Gelenkpunkt G angreift, wird die auf jede Stütze entfallende Komponente N und damit die spezifische Normalspannung (Druck) in den Stützen mit abnehmender Pfeilhöhe immer größer.

Die übrigen, in den vier Platten I, III, IV und V auftretenden Spannungen sind entweder der Zahlentafel 8 oder dem Diagramm Fig. 44 zu entnehmen. Letzteres zeigt deutlich, wie die Höchstspannung mit zunehmender Wölbung abnimmt. Geben wir beispielsweise der Platte statt einer Pfeilhöhe von 8 cm eine solche von 32 cm, so sinkt die größte Tangentialspannung in der Außenfaser und damit die in der Platte überhaupt auftretende größte Spannung vom Betrag $+ 3624$ kg/qcm auf $+ 1486$ kg/qcm. Dabei steigt das Gewicht der Platte nur von 1065 auf 1180 kg, also nur im Verhältnis 1 : 1,11. Der geringe Mehraufwand an Gewicht von 11 vH ergibt eine Verringerung der Beanspruchung im Verhältnis 2,44 zu 1 oder läßt eine im Verhältnis 1 zu 2,44 gesteigerte Belastung zu. Der Vergleich der rechnerischen Ergebnisse von den Platten I und IV zeigt, wie sehr sich der geringe Materialmehraufwand lohnt.

Wie bereits weiter oben erwähnt wurde, ist eine Platte nach Schema I im Betrieb auf 15 at, statt wie in obiger Rechnung angenommen mit 20 at belastet worden. Ihre rechnerisch höchste Beanspruchung betrug hierbei $1486 \times \dfrac{15}{20}$

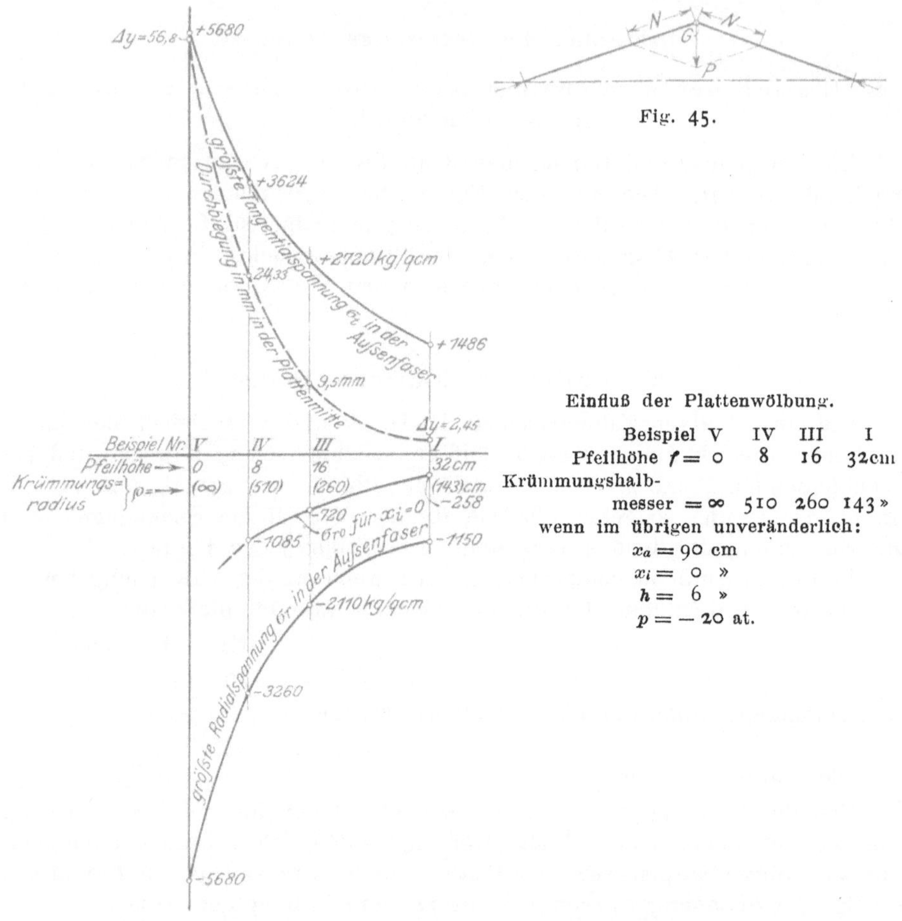

= 1056 kg/qcm, lag also für Gußeisen schon in ziemlich gefährlicher Nähe der Bruchgrenze. Jedenfalls hätte, wie die Beispiele III und IV zeigen, die Platte für diese hohe Belastung von 15 kg/qcm nicht mit geringerer Wölbung (bei gleichbleibender Dicke) ausgeführt werden dürfen — von der Anwendung einer ebenen, frei aufliegenden Platte V gar nicht zu reden.

c) Einfluß der Plattendicke »h«.

		I	VI
Die Platten		I	VI
nach den Schnittfiguren Nr.		21	26
unterscheiden sich nur durch ihre stetsgleichen Dicken			
$h =$		6	9 cm

	I	VI
welche sich verhalten wie	1 :	1,5,
deren Quadrate sich verhalten wie	1 :	2,25.
Laut Zahlentafel 8 und gemäß Fig.	32 bezw.	37

treten in diesen beiden Platten folgende Spannungen auf:

1) Radial- gleich Tangentialspannungen in der Mittelfaser und in der Plattenmitte $\sigma_{r0}\big|_{x=0}$ = . . -258 -212 kg/qcm.

Diese verhalten sich wie	1,22 :	1,

also nicht, wie man etwa vermuten könnte, wie

die Plattendicken	1,5 :	1.

2) Tangentialspannungen in der Mittelfaser am Außenrand $\sigma_{t0}\big|_{x=90}$ . . . . $+1277$ $+620$,

die sich verhalten wie	1,98 :	1.

3) Größte Tangentialspannung in der Außenfaser am äußeren Rand $\sigma_{t\frac{h}{2}}\big|_{x=90}$ . . . . $+1486$ $+810$ kg/qcm,

deren Verhältnis gleich	1,82 :	1.
4) Größte Radialspannung in einer der Außenfasern .	-1150	-620 kg/qcm.
Sie verhalten sich wie	1,72 :	1.

Keine der unter 2) bis 4) einander gegenübergestellten Faserspannungen der Beispiele I und VI verhalten sich — wie man hätte vermuten können — umgekehrt wie die Quadrate der Plattendicke (2,25 : 1) und wie dies bei ebenen Platten der Fall wäre. Das Verhältnis ist kleiner. In sonst gleichartig gebauten gewölbten Platten sinkt demnach die Beanspruchung in einem geringeren Maße als umgekehrt zum Quadrat der Dicke, wenn man von einer gegebenen Platte zu einer dickeren übergeht.

d) Einfluß des äußeren Halbmessers »x_a«.

Die Platten der beiden Rechnungsbeispiele	I	und	VII
haben gemäß Schnittskizzen	21	bezw.	27

bei sonst gleichbleibenden Abmessungen einen Außenhalbmesser x_a.

. . . .	90		60 cm.
Diese Halbmesser verhalten sich wie	1,5	:	1.
Ihre Quadrate verhalten sich wie	2,25	:	1.
Laut Diagramme	32		38

treten in diesen zwei Platten folgende Spannungen auf:

1) Größte Radial- resp. Tangentialspannung in der Symmetrieachse, wo $x_i = 0$ . . . . -365 -605 kg/qcm,

sie verhalten sich wie	1 :	1,666.
2) Größte Radialspannung	-1150	-950 kg/qcm,
ihr Verhältnis ist	1,2 :	1.
3) Größte Tangentialspannung	$+1486$	$+1179$ kg/qcm,
deren Verhältnis	1,26 :	1.

Irgend eine Gesetzmäßigkeit für die Abhängigkeit der Normalspannungen von dem einfachen Plattendurchmesser oder von dessen Quadrat scheint hier also nicht zu herrschen. Im Gegensatz zu ebenen Platten, wo die Spannungen sich wie die Quadrate der Plattendurchmesser verhalten, nehmen die unter 1)

genannten Spannungen mit kleiner werdendem Außenhalbmesser wider Erwarten sogar noch zu. Die unter 2) und 3) aufgeführten Spannungen nehmen nicht einmal im umgekehrten Verhältnis der einfachen Außenhalbmesser ab, geschweige denn im umgekehrten Verhältnis von deren Quadraten.

Daß für den Zusammenhang der Beispiele VI und VII sich keine Gesetzmäßigkeit aus den Spannungsdiagrammen 37 und 38 herauslesen läßt, trotzdem die Durchmesser 90 bezw. 60 cm und die Dicken $h = 9$ bezw. 6 cm ähnlich sind, rührt davon her, daß die Krümmungshalbmesser nicht auch im gleichen Verhältnis zueinander geändert, sondern einander gleich belassen wurden, nämlich $\varrho = 143$ cm.

Erst die Platte VIII steht in allen Abmessungen im gleichen Verhältnis zur Platte VI, nämlich 3 : 2. Es konnte daher erwartet werden, daß ähnlich gelegene Punkte genau gleiche Spannungen aufweisen. In Wirklichkeit zeigen die Ausrechnungen für Beispiel VI eine größte Spannung von (-620) kg/qcm, für Beispiel VIII eine solche von (-550) kg/qcm. Daß diese Ergebnisse wie auch die Spannungsdiagramme 37 und 39 überhaupt nicht besser übereinstimmen, liegt an zwei Gründen. Fürs erste hätten bei beiden Zahlenbeispielen weitere Durchrechnungen gemacht werden sollen, um den wahren Werten noch näher zu kommen. Sodann kommt bei den in der Mitte vollen Platten eine Unsicherheit dadurch hinein, daß man die Rechnung nicht mit $x = 0$ beginnen kann. So wurde bei Beispiel VI mit $x = 10$ cm, bei Beispiel VIII mit $x = 8$ cm begonnen, und es mußten für diese Halbmesser Annahmen getroffen werden, nicht nur für $\frac{d\psi}{dx}$, sondern auch noch für ψ.

Wenn man zuverläßlicher rechnen will, muß man mit kleinerem x beginnen und kleinere Intervalle wählen. Dies ist jedoch recht zeitraubend. Mit Rücksicht darauf, daß ich mir die Berechnung so vieler Beispiele zur Aufgabe gestellt, habe ich obige Ungenauigkeit in den Kauf genommen. Für einen einzelnen Fall würde man dieser einen Berechnung noch mehr Zeit opfern müssen.

e) Einfluß der Bohrung und der versteifenden Nabe.

Hierüber gibt ein Vergleich der Zahlenbeispiele I und IX Auskunft. Die Platte IX ist dargestellt in Fig. 29 im Maßstab 1 : 45 und in Fig. 46 im Maßstab 1 : 20 der Fig. 14, welche ein Bild der zuerst betrachteten Platte I ist. Die Platte IX unterscheidet sich von Platte I nur dadurch, daß in ihrer Mitte eine Bohrung vom Halbmesser $x_i = 15$ cm und daß das durch diese Bohrung entfernte

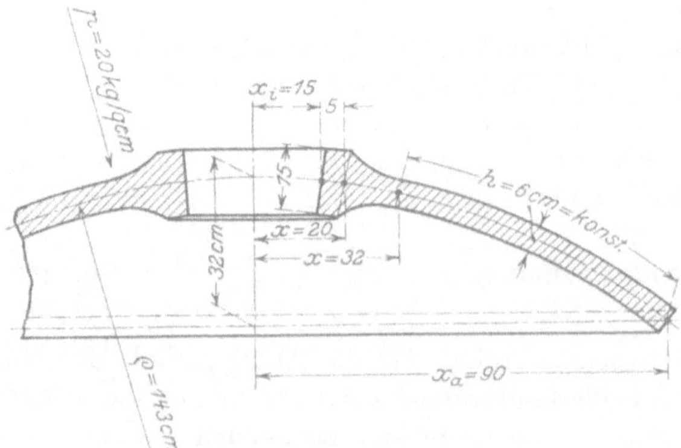

Fig. 46. Platte IX. 1 : 20.

Material ersetzt ist oder vielmehr sein soll durch eine Nabe von 15 cm axialer Länge und 5 cm Dicke; diese Nabe geht allmählich auf die ursprüngliche Plattendicke $h = 6$ cm über. Von da ab bis an den Außenrand ($x_a = 90$ cm) ist die stets gleiche Plattendicke $h = 6$ cm, wie in Beispiel I. Diese neue Platte soll außen ebenfalls frei aufliegen und durchgehend von der konvexen Seite her mit 20 kg/qcm belastet sein.

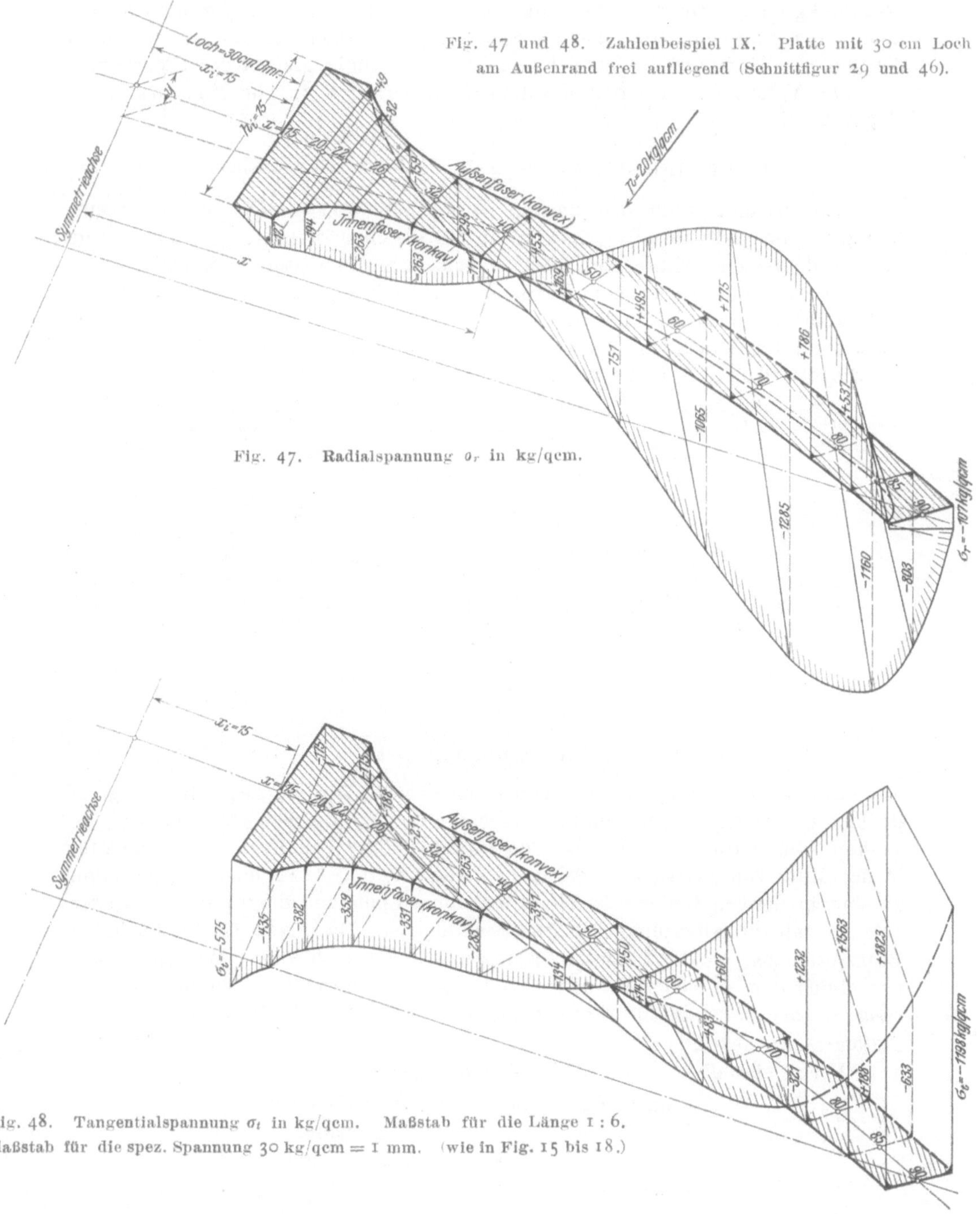

Fig. 47 und 48. Zahlenbeispiel IX. Platte mit 30 cm Loch am Außenrand frei aufliegend (Schnittfigur 29 und 46).

Fig. 47. Radialspannung σ_r in kg/qcm.

Fig. 48. Tangentialspannung σ_t in kg/qcm. Maßstab für die Länge 1 : 6. Maßstab für die spez. Spannung 30 kg/qcm = 1 mm. (wie in Fig. 15 bis 18.)

Die Fig. 40 zeigt im gleichen Maßstab, wie Fig. 32 für Platte I den Verlauf der Spannungen in den beiden Außen- und in der Mittelfaser. Desgleichen sind in Fig. 47 in axonometrischer Weise die Radialspannungen und in Fig. 48 die Tangentialspannungen dargestellt, wie in den Fig. 15 und 16 für Platte I. Diese Diagramme zeigen, daß wir die Abmessungen der Nabe ziemlich gut getroffen haben. Die höchste auftretende Spannung, die Tangentialspannung σ_t in der konkaven Außenfaser am Außenrand, beträgt ($+$ 1822) statt in Platte I ($+$ 1486 kg/qcm). Die höchste Radialspannung beträgt ($-$ 1300 kg/qcm) gegenüber ($-$ 1150 kg/qcm). Die beiden Spannungsdiagramme 32 und 40 zeigen in den äußeren Hälften der Platten I und IX einen völlig gleichartigen Verlauf.

Die Verschiebungen der Meridianmittelfaser sind in die Fig. 19 und 20 eingetragen.

f) Einfluß der Verdickung des Plattenrandes.

Um diesen Einfluß festzustellen, wurde als Beispiel IX_v [verdickt] eine in Fig. 30 im Maßstab 1 : 45, in Fig. 49 im gleichen Maßstab wie Platte I in Fig. 14 dargestellte Platte gerechnet, welche sich von Platte IX dadurch unterscheidet, daß ihre Dicke nur zwischen den Halbmessern $x = 32$ und $x = 65$ unverändert $= 6$ cm ist und daß sie von diesem Halbmesser ab gegen den Außenrand hin allmählich bis zum Betrag $h_a = 9$ cm ansteigt. Am Rand ist sie wie die Platten IX und I frei aufliegend gedacht (s. die Fig. 14, 49 und 46).

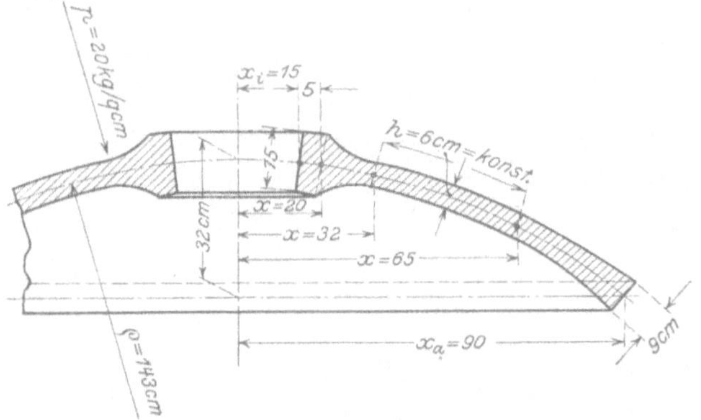

Fig. 49. Platte IX_v. 1 : 20.

Durch die Verdickung des Außenrandes nach Fig. 49 gegenüber Fig. 46 ist laut Diagramm 41 gegenüber Diagramm Fig. 40 die höchste Spannung gesunken vom Betrag ($+$ 1822) auf den Betrag ($+$ 1573) und die Durchbiegung in der Mitte vom Betrag ($-$ 2,78) mm auf den Wert ($-$ 2,30) mm. In Diagramm 41 sind in dünnen Linien die Werte aus dem Spannungsdiagramm 40 wiederholt, so daß die Abweichung leicht ersichtlich ist. Die Platte IX_v ist bezüglich Beanspruchung von der Platte I nur unwesentlich verschieden. Wir haben also tatsächlich den an sich schädlichen und sonst so gefürchteten Einfluß der Bohrung in der Mitte durch die Ausbildung der Nabe und die Verstärkung des Plattenrandes ausgeglichen.

Vergleichshalber sind von den Rechnungsbeispielen

I nach Fig. 14 bezw. 21 (frei aufliegend)
II   »   »   22 (eingespannt)
IX   »   » 46   » 29 (frei aufliegend)
IX_v »   » 49   » 30   »

je in einem Diagramm vereinigt und als Funktion des Abstandes x von der Symmetrieachse aufgetragen:

In Fig. 50 die Durchbiegung $\varDelta y$ der Meridian-Mittelfaser.

In Fig. 51 die Aenderung $\varDelta x$ der Abstände x der einzelnen Punkte der Meridian-Mittelfaser von der Symmetrieachse.

In Fig. 52 die Aenderung ψ, die der zwischen dem Krümmungshalbmesser und der Symmetrieachse gelegene Winkel φ erleidet.

Die Werte der Platten I, IX und IX, weichen nicht sehr voneinander ab, dagegen verhält sich die Platte II ganz anders, und man sieht daraus nochmals den günstigen Einfluß des »Eingespanntseins«. Wie Fig. 52 zeigt, drehen sich alle Querschnitte des inneren Teiles der Platten im Sinne der Winkelvergrößerung,

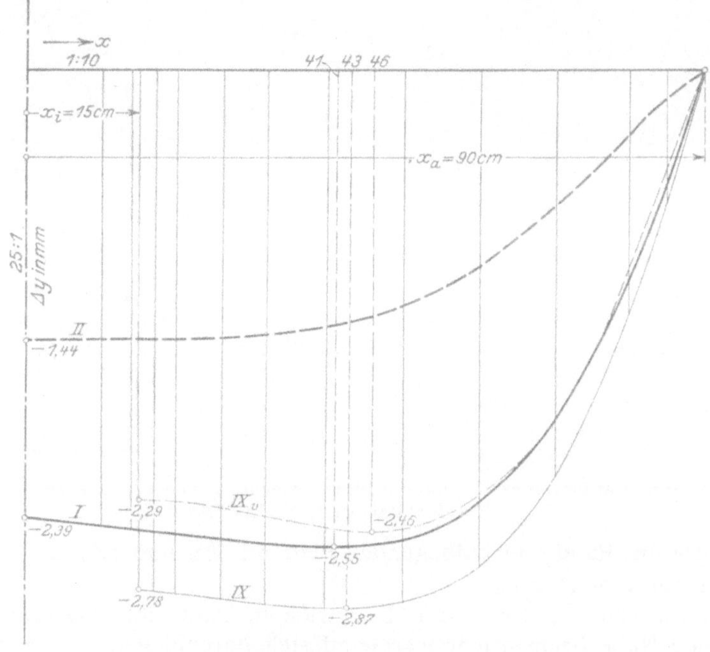

Fig. 50. Durchbiegung $\varDelta y$ in Funktion des Abstandes x von der Symmetrieachse für die Zahlenbeispiele I, II, IX, IX$_v$.

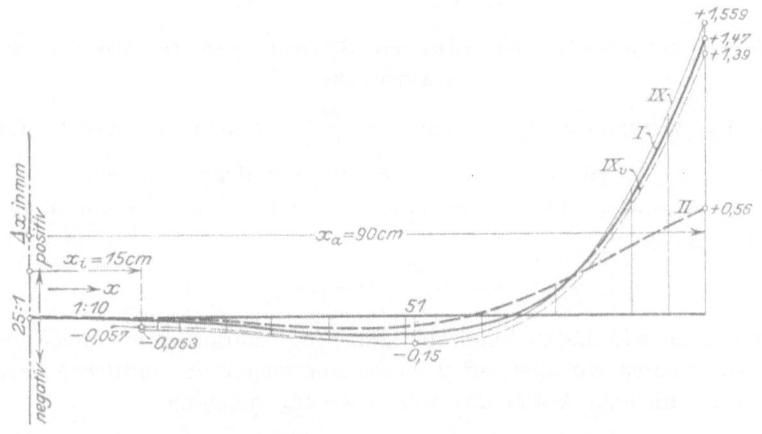

Fig. 51. Aenderung $\varDelta x$ in Funktion des Abstandes x von der Symmetrieachse für die Zahlenbeispiele I, II, IX, IX$_v$.

d. h. die Punkte der konvexen Außenfaser entfernen sich, diejenigen der konkaven Innenfaser nähern sich der Symmetrieachse. In den weiter außen gelegenen Querschnitten ist das Umgekehrte der Fall. Zwischendrin liegt ein Inflexionspunkt, wie ihn Prof. Dr. Stodola für den kegelförmigen Boden berechnet hat[1]). Für die am Rand eingespannte Platte II liegt er bei $x \infty$ 20 cm,

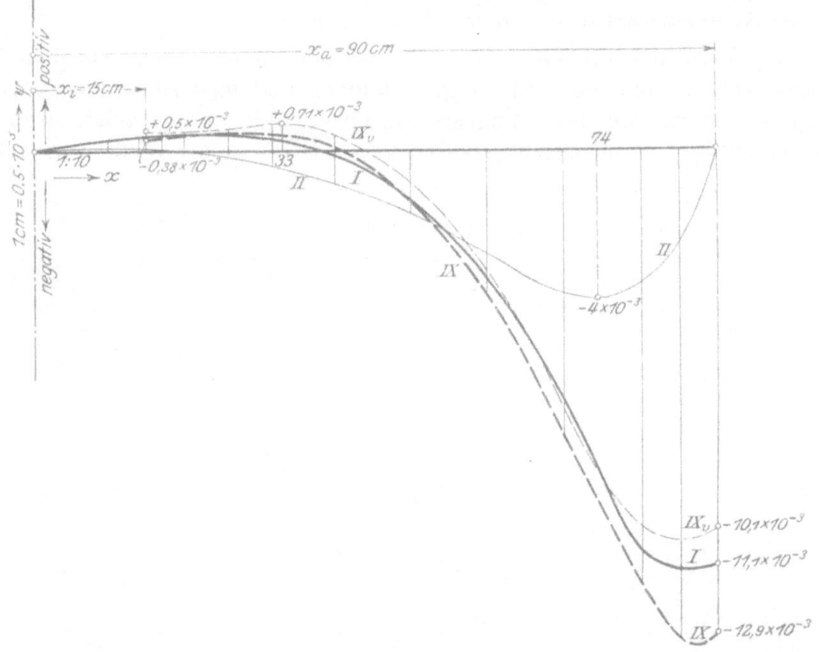

Fig. 52. Winkeländerung ψ in Funktion des Abstandes x von der Symmetrieachse für die Zahlenbeispiele I, II, IX, IX$_v$.

für die drei am Rand frei aufliegenden Platten I, IX und IX$_v$ nahe beieinander, und zwar bei $x \infty$ 40 cm.

Wie eine aus der Grundform I entwickelte Platte mit Bohrung jedoch ohne versteifende Nabe beansprucht wäre und sich durchbiegen würde, und wie die Beanspruchungen und Durchbiegungeu von der Größe der Bohrung abhängig sind — dies zu untersuchen, mag einer besonderen Arbeit vorbehalten bleiben.

Die Biegungsmomente der inneren Spannungen in Abhängigkeit vom Halbmesser x.

Bei der Berechnung des Ausdruckes $\left(\dfrac{d\psi}{dx}\right)$ stießen wir unter anderen auf den Wert M_{σ_r}, das ist das Moment der auf die Begrenzungsfläche $CDEF$ des in Fig. 3 dargestellten Plattenelementes wirkenden Normalspannungen σ_r. Wir fanden als Gl. (20):

$$M_{\sigma_r} = d\alpha\, c\, x\, \frac{h^3}{12} \cos \varphi \left[m\, \frac{d\psi}{dx} + \frac{\psi}{x} \right].$$

Dividieren wir diesen Ausdruck durch die mittlere Breite $(x\, d\alpha)$ der Fläche $CDEF$, so erhalten wir den auf je einen Zentimeter des mittleren Parallelkreisumfanges entfallenden Anteil des Momentes M_{σ_r}, nämlich:

$$M_{\sigma_r}' = \frac{M_{\sigma_r}}{(x\, d\alpha)} = h^3 \cos \varphi \left[m\, \frac{d\psi}{dx} + \frac{\psi}{x} \right] \frac{c}{12} \quad \ldots \ldots \quad (48).$$

[1]) S. Stodola: »Die Dampfturbinen«, IV. Auflage S. 602.

– 79 –

Wir können diesen Wert nennen »das spezifische Moment der Normalspannungen σ_r«. Seine Maßeinheit ist kgcm/cm. In unserer abgekürzten Ziffernsprache lautet die Formel (vergl. Zahlentafel 3 und 7):

$$M_{\sigma_r}{}' = (44)\ (105)\ \frac{c}{12}\ \ \ldots\ \ldots\ \ldots\ \ (48a).$$

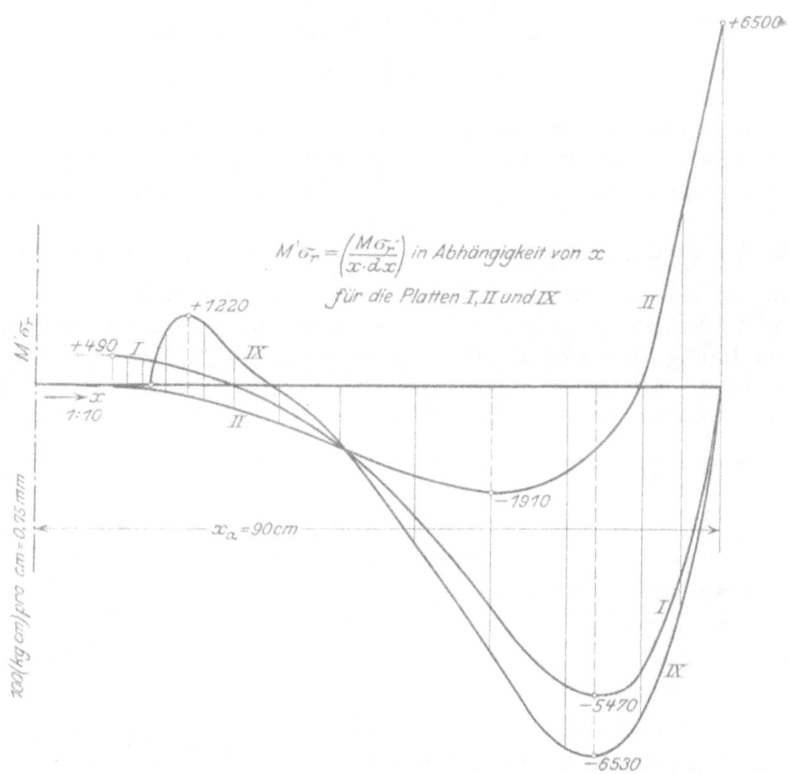

Fig. 53. Maßstab für die Ordinaten: 100 kgcm/cm = 0,75 mm.

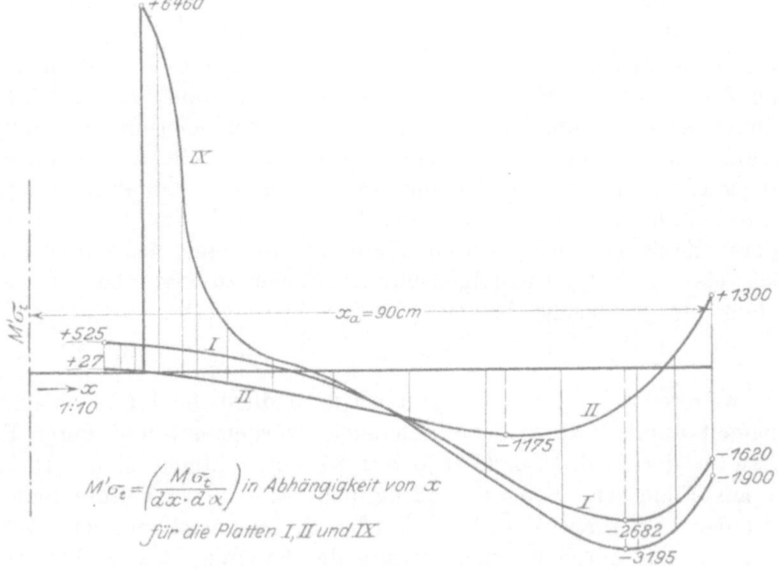

Fig. 54. Maßstab für die Ordinaten: 100 kgcm/cm = 0,75 mm.

In ganz gleicher Weise läßt sich für das auf das Plattenelement C bis K, Fig. 3 bezw. 9, wirkende resultierende Moment M_{σ_t}, welches von den Tangentialspannungen σ_t herrührt, aus der Gl. (24) das »spezifische« Moment M_{σ_t}' ableiten:

$$M_{\sigma_t}' = \frac{M_{\sigma_t}}{dx\,d\alpha} = (h^3 \cos \varphi)\left[\frac{d\psi}{dx} + m\,\frac{\psi}{x}\right]\frac{c}{12} \quad\ldots\ldots\quad (49).$$

$$M_{\sigma_t}' = (44)\,(107)\,\frac{c}{12} \quad\ldots\ldots\ldots\quad (49\,\mathrm{a}).$$

Beispielshalber wurden die in den Gl. (48) und (49) definierten Werte für eine größere Anzahl der Werte von x ausgerechnet für die Platten I, II und IX und in den Diagrammen Fig. 53 bezw. 54 bildlich dargestellt in Funktion von x.

Die für eine gegebene Platte erforderlichen Durchrechnungen.

Um zu zeigen, wie sich bei den einzelnen Durchrechnungen für verschiedene Annahmen die Endergebnisse stellen, und wie manche Durchrechnungen überhaupt durchgeführt werden müssen, greifen wir das Zahlenbeispiel IX heraus. Zur Berechnung der in Fig. 46 dargestellten Platte wurden fünf verschiedene Annahmen gemacht mit dem in nachstehender Zahlentafel ersichtlichen Erfolg:

Durchrechnung . . . . Nr. 91 92 93 94 95
Annahme für $x_i = 15$ cm (wo $\sigma_{r0} = 0$)

$$\sigma_{t0i} = . \quad\ldots\quad -320 \quad -630 \quad -400 \quad -330 \quad -375 \text{ kg/qcm}$$

$$\psi_i = . \quad\ldots\quad +190 \quad +225 \quad -150 \quad +285 \quad +385 \cdot 10^{-6}$$

Endergebnisse für $x_a = 90$ cm.

  a) Spannungsprobe:

$$\sigma_{r0a} = \quad\ldots\quad -104 \quad +603 \quad +138 \quad -126 \quad -63 \text{ kg/qcm}$$

statt nach Gl. (32 a) $-$ 92 $-$ 92 $-$ 92 $-$ 92 $-$ 92 »

Fehlbetrag $=$. $-$ 12 $+$ 695 $+$ 230 $-$ 34 $+$ 29 »

  b) Winkelprobe nach Gl. (33).

$$\left[m\,\frac{d\psi}{dx} + \frac{\psi}{x}\right] = . \quad +899 \quad +8'792 \quad +7'029 \quad +447 \quad -100 \cdot 10^{-6}$$

statt 0 0 0 0 0 0

Wie diese Zusammenstellung zeigt, hätten eigentlich noch mehr Durchrechnungen erfolgen sollen, um den in den Gl. (32 a) und (33) gestellten Randbedingungen näher zu kommen. Doch ist schon bei der Durchrechnung 95 die Annäherung für die Praxis durchaus hinreichend. (Beim Aufzeichnen des Spannungsdiagrammes 34 wurden die Kurven für die Radialspannungen σ_r so gedreht, daß sie bei $x_a = 90$ cm durch den Punkt ($-$ 92 kg/cm) hindurchgehen.) — Bei anderen Zahlenbeispielen waren allerdings weit mehr Durchrechnungen erforderlich als nur fünf. Um folgenschwere Fehler zu verhüten, empfiehlt sich das fortlaufende graphische Aufzeichnen der Zwischwerte.

*   *   *

Als weiteres Anwendungsbeispiel wurde endlich die Platte nachgerechnet, die seinerzeit durch Prof. v. Bach untersucht worden ist, und deren Prüfungsergebnisse in der Z. d. V. d. I. 1899 S. 1586 veröffentlicht sind. Die Platte A bestand aus Flußeisen ($E = 2\,100\,000$ kg/qcm; $m = {}^{10}/_3$). Unsere Schnittskizze Nr. 31 ist der Fig. 1 aus Z. d. V. d. I. 1899 S. 1585 nachgebildet. Wir führen die Rechnung nur durch bis zum Beginn der Krempe, das ist bis zum Halbmesser $x = 30$ cm und nehmen an, daß die Platte daselbst »eingespannt«, und daß sie auf der konkaven Seite gleichmäßig mit $p = + 16$ at (statt wie in den bisherigen Beispielen mit $p = - 20$ at) belastet sei. »Eingespannt« soll heißen, daß der Rand sich nicht verdrehen kann. Dieses »Eingespanntsein« wollen wir im Rechnungsbeispiel X so auffassen, daß der Außenrand in Richtung senkrecht zur Symmetrieachse beliebig nachgeben kann, während in Beispiel X_f der Meridianpunkt des Außenrandes so festgehalten gedacht werde, daß er sich in Richtung senkrecht zur Symmetrieachse kaum bewegt, daß er also nahezu »fix« sei. Daher die Bezeichnung »X_f«. Die Spannungen des Rechnungsbeispieles X sind im Diagramm 42, diejenigen des Beispieles X_f im Diagramm 43 aufgetragen. (Ihre Maßstäbe sind jedoch verschieden von denjenigen der Diagramme 32 bis 41.)

Das Spannungsdiagramm 43 zeigt mit seinen viel kleineren Ordinaten als im Diagramm 42 den günstigen Einfluß dieses »Festhaltens« des Plattenrandes in Richtung senkrecht zur Symmetrieachse. Die Höchstspannung ist weit unter die Hälfte gesunken gegenüber derjenigen in der Platte X, deren Außenquerschnitt sich zwar auch nicht drehen, wohl aber radial verschieben kann. Dementsprechend ist auch die rechnerische Durchbiegung in der Plattenmitte viel kleiner, nämlich 0,51 statt 2,00 mm (siehe Zahlentafel 8).

v. Bach hat bei 16 at Belastung in der Mitte gegenüber dem Beginn der Krempe, d. i. gegenüber den Meßpunkten 4, 16, 28, 40 eine Durchbiegung von $1,25 - 0,17 = 1,08$ mm gemessen. Dieser Wert liegt zwischen den in unseren Beispielen X und X_f berechneten Werten 2,0 bezw. 0,51 mm. Leider fehlt in der v. Bachschen Veröffentlichung die Angabe, um wieviel sich der Normalabstand der Meßpunkte 4, 16, 28 und 40 von der Symmetrieachse geändert hat. Es ist in der Zusammenstellung 7 S. 1586 nur gesagt, daß der Außenrand der Krempe, d. h. daß die Meßpunkte 49 bis 51 bei $p = 16$ at im Mittel um 0,099 mm nach innen gerückt sind. Es ist jedoch anzunehmen, daß die Meßpunkte 4, 16, 28, 40 sich eher noch mehr nach innen verschoben haben. Unsere Beispiele X und X_f ergeben eine Verkürzung des Außenhalbmessees ($x_a = 30$ cm) von 0.33 bezw. 0,04 mm. Damit ist nachgewiesen, daß der von Bach untersuchte Boden bezüglich wirklicher Beanspruchung ein Mittelding zwischen unseren beiden rechnerisch untersuchten Grenzfällen X und X_f ist. Er wird also bei einer spezifischen Belastung von 16 at eine Höchstbeanspruchung erfahren, die zwischen $+ 4530$ von Fall X und $+ 1990$ kg/qcm von Fall X_f liegt. Vermutlich liegt diese wirkliche höchste Beanspruchung nahe bei 3000 kg/qcm.

Dieser Vergleich unserer Rechnungsergebnisse mit den Bachschen Meßergebnissen liefert den erwarteten Beweis für die praktische Verwendbarkeit vorliegenden Rechnungsverfahrens.

Alle Beispiele mit Ausnahme desjenigen Nr. V, d. i. der ebenen Platte, zeigen, daß der höchst beanspruchte Querschnitt sich außen am Rand der Hauptwölbung, oder wenigstens in dessen Nähe befindet, und tatsächlich sind auch wohl die meisten Brüche an Kesselböden von dieser Stelle, d. i. vom Uebergang zur Krempe, ausgegangen.

*　　*　　*

Vorstehende Rechnungen, insbesondere diejenigen Nr. I und IX_r, sollen in erster Linie Beispiele für die Anwendbarkeit des eingangs theoretisch hergeleiteten Rechnungsverfahrens sein. Gleichzeitig geben sie ein sehr deutliches Bild der Abhängigkeit der Beanspruchung und der Durchbiegung einer Platte von ihrer Form und ihrer Unterstützungsart.

Ein großer Vorteil der hier angewendeten Rechnungsweise mit kleinen Differenzen liegt darin, daß für die Erzielung einer Rechnungsmöglichkeit weit

weniger Einschränkungen gemacht werden müssen, als in den vorveröffent-
lichten Vorschlägen. Schüle mußte in seinem Aufsatz in »Dinglers Polyt.
Journal« vom 10. Oktober 1900 voraussetzen, daß der Boden in der Mitte voll
sei, überall gleiche Krümmung und Dicke habe. Von diesen drei Hauptbedin-
gungen konnte Fankhausen für seine in der »Zeitschr. f. d. gesamte Turbinenwesen« vom Jahr 1911 S. 449 niedergelegte Arbeit die erste, aber auch nur
die erste fallen lassen, mußte dagegen daran festhalten, daß die Platte ein Kugel-
boden von stets gleicher Dicke sei[1]). Und trotz dieser im Grunde doch recht
großen und für die Anwendung in der Praxis hinderlichen Einschränkung sind
Fankhausens Gleichungen nicht einfach zu nennen[2]).

Vorliegendes Verfahren gestattet die Ausrechnung von ungeteilten Böden mit

a) veränderlicher Dicke,
b) veränderlichem Wölbungshalbmesser,
c) Bohrung in der Mitte.

Als ein solch allgemeines Beispiel haben wir deshalb den Boden Nr. IX_v
nach Schnittfigur Nr. 30 bezw. Nr. 49 gewählt.

---

[1]) Vergl. »Zeitschr. f. d. ges. Turbinenwesen« 1911 S. 450 Zeile 5 und S. 474 oben.
[2]) Siehe z. B. dessen Gl. (27).

Sonderabdrücke

aus der Zeitschrift des Vereines deutscher Ingenieure,

die in folgende Fachgebiete eingeordnet sind:

1. Bagger.
2. Bergbau (einschl. Förderung und Wasserhaltung).
3. Brücken- und Eisenbau (einschl. Behälter).
4. Dampfkessel (einschl. Feuerungen, Schornsteine, Vorwärmer, Überhitzer).
5. Dampfmaschinen (einschl. Abwärmekraftmaschinen, Lokomobilen).
6. Dampfturbinen.
7. Eisenbahnbetriebsmittel.
8. Eisenbahnen (einschl. Elektrische Bahnen).
9. Eisenhüttenwesen (einschl. Gießerei).
10. Elektrische Krafterzeugung und -verteilung.
11. Elektrotechnik (Theorie, Motoren usw.).
12. Fabrikanlagen und Werkstatteinrichtungen.
13. Faserstoffindustrie.
14. Gebläse (einschl. Kompressoren, Ventilatoren).
15. Gesundheitsingenieurwesen (Heizung, Lüftung, Beleuchtung, Wasserversorgung und Abwässerung).
16. Hebezeuge (einschl. Aufzüge).
17. Kondensations- und Kühlanlagen.
18. Kraftwagen und Kraftboote.
19. Lager- und Ladevorrichtungen (einschl. Bagger).
20. Luftschiffahrt.
21. Maschinenteile.
22. Materialkunde.
23. Mechanik.
24. Metall- und Holzbearbeitung (Werkzeugmaschinen).
25. Pumpen (einschl. Feuerspritzen und Strahlapparate).
26. Schiffs- und Seewesen.
27. Verbrennungskraftmaschinen (einschl. Generatoren).
28. Wasserkraftmaschinen.
29. Wasserbau (einschl. Eisbrecher).
30. Meßgeräte.

Einzelbestellungen auf diese Sonderabdrücke werden **gegen Voreinsendung** des in der Zeitschrift als Fußnote zur Überschrift des betr. Aufsatzes bekannt gegebenen Betrages ausgeführt.

Vorausbestellungen auf sämtliche Sonderabdrücke der vom Besteller ausgewählten Fachgebiete können in der Weise geschehen, daß ein Betrag von etwa 5 bis 10 M eingesandt wird, bis zu dessen Erschöpfung die in Frage kommenden Aufsätze regelmäßig geliefert werden.

Zeitschriftenschau.

Vierteljahrsausgabe der in der Zeitschrift des Vereines deutscher Ingenieure erschienenen Veröffentlichungen 1898 bis 1910.
Preis bei portofreier Lieferung für den Jahrgang
3,— *M* für Mitglieder.   10,— *M* für Nichtmitglieder.

Seit Anfang 1911 werden von der Zeitschriftenschau der einzelnen Hefte einseitig bedruckte gummierte Abzüge angefertigt.
Der Jahrgang kostet
2,— *M* für Mitglieder.   4,— *M* für Nichtmitglieder.
Portozuschlag für Lieferung nach dem Ausland 50 Pfg für den Jahrgang.
Bestellungen, die nur gegen vorherige Einsendung des Betrages ausgeführt werden, sind an die **Redaktion der Zeitschrift des Vereines deutscher Ingenieure, Berlin NW., Charlottenstraße 43** zu richten.

Mitgliederverzeichnis d. Vereines deutscher Ingenieure.

Preis 3,50 *M*. Das Verzeichnis enthält die Adressen sämtlicher Mitglieder **sowie** ausführliche Angaben über die Arbeiten des Vereines.

Bezugsquellen.

Zusammengestellt aus dem Anzeigenteil der Zeitschrift des Vereines deutscher Ingenieure. Das Verzeichnis erscheint zweimal jährlich in einer Auflage von **35 bis 40000 Stück.** Es enthält in deutsch, englisch, französisch, italienisch, spanisch **und** russisch ein alphabetisches und ein nach Fachgruppen geordnetes Adressenverzeichnis.
Das Bezugsquellenverzeichnis wird auf Wunsch kostenlos abgegeben.